만화로 쉽게 배우는 푸리에 해석

저자 / 시부야 미치오(澁谷 道雄)

BM (주)도서출판 **성안당**
일본 옴사 · 성안당 공동 출간

만화로 쉽게 배우는 **푸리에 해석**

Original Japanese edition
Manga de Wakaru Fourier Kaiseki
By Michio Shibuya and TREND-PRO
Copyright ⓒ 2006 by Michio Shibuya and TREND-PRO
Published by Ohmsha, Ltd.
This Korean Languege edition co-published by Ohmsha, Ltd.
and SUNG AN DANG, Inc.
Copyright ⓒ 2006~2024
All rights reserved.

머리말

이 책은 푸리에 변환·푸리에 해석의 윤곽을 잡기 위한 입문서이다.

푸리에 해석은 물리학의 분야에 머물지 않고 공업 분야 등에도 폭넓게 응용되고 있다. 푸리에 해석의 이론적인 근거는, 푸리에 변환이란 수학적인 사고방식이다. 많은 독자들이 [수학 = 공식]이라고 생각할 것이다. 하지만 수학을 공부할 때 가장 필요한 것은 공식을 외우는 것이 아닌 수학적인 사고방식·개념이해이다.

개념을 이해하기 위해서는 어느 정도의 기초지식이 필요하다. 푸리에 변환에 필요한 기본적인 지식은 미분·적분과 삼각함수이다. 그리고 이 기초지식들의 [개념]을 잡는 것이 무척이나 중요하다. 고등학교에서 삼각함수(사인·코사인·탄젠트)는 직각삼각형의 두 변의 비에 중점을 두어 그에 관한 공식을 사용하는 훈련으로 끝나기 쉽다. 이 책에서는 삼각함수를 시간과 함께 회전하는 동작성이 있는 함수로 다루고 있다. 이러한 사고방식의 타당성을 이 책을 통해 이해해주었으면 한다.

즉, 이 책은 푸리에 해석의 이름을 빌린 삼각함수의 참고서라고도 할 수 있다. 이 책에서는 필요로 하는 최소한의 공식을 증명 없이 사용하고 있다. 공식을 외우는 것이 아니라 공식을 이용하여 얻게 되는 새로운 방법, 견해에 대해 독자들은 놀라움을 감출 수 없을 것이다. 아직까지도 많은 참고서가 공식을 익히는 것이나 연습문제를 푸는 방법에만 집중적으로 다루고 있었다. 고등학교나 대학교의 시험에서조차 공식의 운용(계산)능력만을 중시하고 있다. 그 결과 문제를 통째로 암기하게 된 사람도 있을 것이다.

푸리에 변환은 약간의 수학적인 기초지식에서 새로운 개념을 이끌어내고 있다. 개념을 이해하는 재미는 공식을 암기하는 것과는 비교할 수 없다.

머리말

응용 범위가 넓은 푸리에 해석을 이 책에서는 [소리]를 통해 다루고 있다. 많은 종류의 소리를 자기 자신의 힘으로 분석해 봄으로써 새로운 발견을 할 수 있을 것이다.

이 책을 통해 푸리에 변환·푸리에 해석의 아웃라인을 잡은 후, 구체적인 푸리에 해석의 계산방법이나 스펙트럼의 시간변화 등에 대해 또 다른 흥미를 가지게 된 독자들은 이 책과 함께 옴사에서 출판된 [Excel로 배우는 푸리에 변환]을 읽을 것을 권장한다. 여기에서는 컴퓨터상에서 엑셀을 이용해 간단하면서도 여러 종류의 해석이 가능하도록 예제를 들고 있다.

자칫 잘못하면 수식 투성이가 되기 쉬운 푸리에 해석을 재미있는 이야기로 꾸며주신 출판사 관계자 여러분들께도 감사의 말을 전한다.

Michio Shibuya

차 례

프롤로그

| 소리의 파형 | 9 |

제1장

| 푸리에 변환을 향한 여정 | 23 |

1. 소리와 주파수 … 24
2. 횡파와 종파 … 32
3. 파형의 시간 변화 … 36
4. 주파수와 진폭 … 39
5. 조셉 푸리에의 발견 … 45
6. 푸리에 변환을 위한 수학적 준비 … 47

제2장

| 삼각함수 | 51 |

1. 회전·진동과 삼각함수 … 52
2. 단위원 … 62
3. 사인함수 … 64
4. 코사인함수 … 65
5. 매개변수 표시와 원의 방정식 … 67
6. 시간변화를 하는 양의 삼각함수 적용 … 71
7. ωt와 삼각함수 … 73

차례

제3장

적분과 미분   81

1. 적분   82
2. 상수식의 적분   90
3. 일차함수의 적분   92
4. n차함수의 적분   94
5. 임의의 곡선의 정적분   96
6. 접선   98
7. 미분   100
8. 삼각함수의 미분   103
9. 삼각함수의 정적분   109

제4장

함수의 사칙연산   119

1. 함수의 합의 도입   120
2. 함수의 합   126
3. 함수의 차   128
4. 함수의 곱   130
5. 함수의 곱과 정적분   137

제5장

함수의 직교성   143

1. 함수의 직교성   144
2. 직교하는 두 함수를 그래프로 확인해보자   152
3. 직교하는 두 함수를 계산으로 확인해보자   154
4. $y=\sin^2 x$의 정적분   157

제6장

푸리에 변환을 이해하기 위한 준비 163

1. 삼각함수의 합으로 파형을 만들어보자 164
2. $a\cos x$와 $b\sin x$의 합성 170
3. 주기가 다른 삼각함수의 합성 176
4. 푸리에 급수 179
5. 시간함수와 주파수 스펙트럼 185
6. 푸리에 변환의 입문 189

제7장

푸리에 해석 193

1. 주파수 성분의 분석 194
2. 푸리에 계수 202
3. 소리굽쇠의 스펙트럼 209
4. 기타의 스펙트럼 214
5. 사람의 목소리의 스펙트럼 219
6. Sweet Voice 227

부록 푸리에 급수의 대수로의 응용 예 243

참고문헌 253

찾아보기 254

프롤로그
소리의 파형

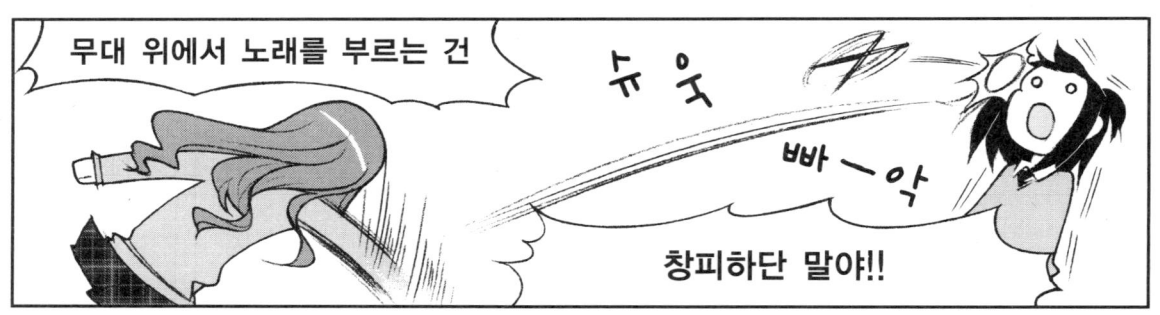

다음에 또 이런 점수를 받아오면, 기타는 내다버릴 줄 알아!

그렇게 갑자기 밴드의 존속 위기가!!

지우도 마찬가지야! 너도 수학 못하잖아!!

예린이는 좋겠다~. 성격 좋지, 머리 좋지…

이미 대학 수준이라면서?

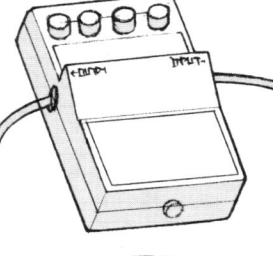

제 1 장
푸리에 변환을 향한 여정

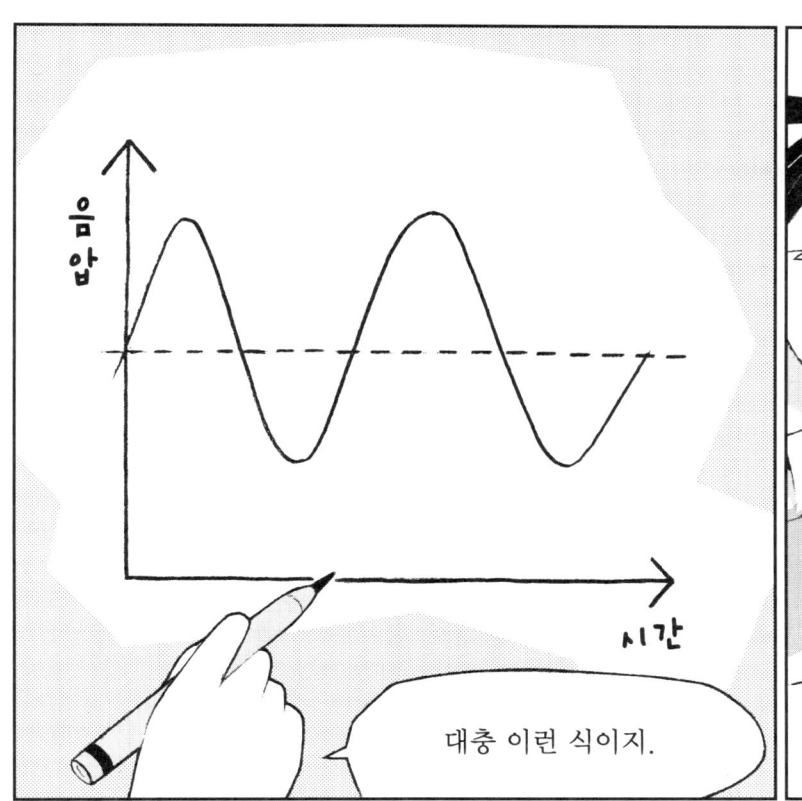

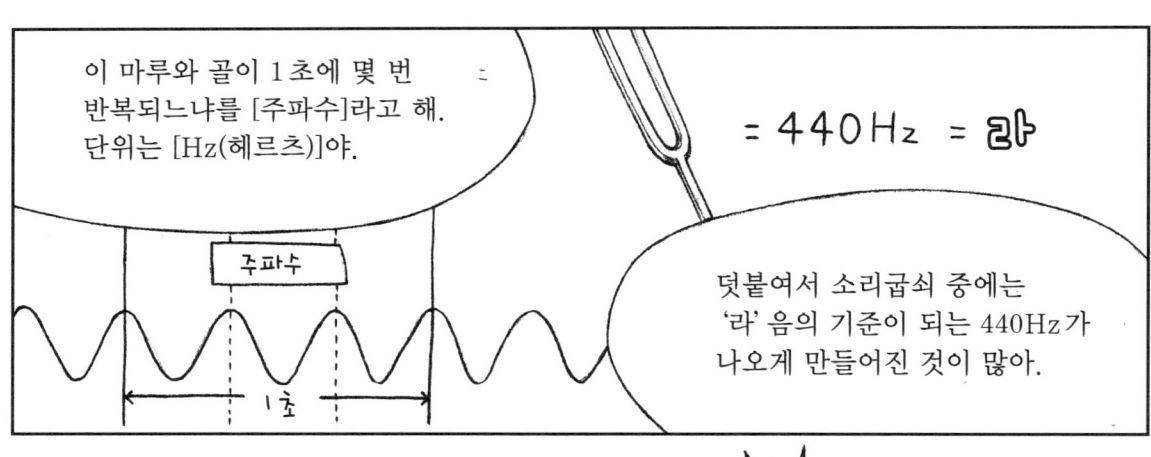

주파수성분 1의 세기
주파수성분 2의 세기
주파수성분 3의 세기
세기
주파수

복잡한 파형을 구성하는 단순한 파형들을 [주파수성분]이라 하고,

주파수성분이 서로 얼마나 강하게 결합되어 있느냐를 그래프화한 것을 [주파수 스펙트럼] 또는 줄여서 그냥 [스펙트럼]이라고 불러.

스펙트럼을 알면 소리의 기초를 이루는 성분을 알 수 있거든.

스펙트럼을 알아서 좋을 게 뭔데?

[소리의 성분]을 알 수 있다는 거야?

2. 횡파와 종파

🙂 아까 소리에 대한 얘기를 했지만, [파형]의 형태로 전해지는 것에는 [전파]나 [빛]도 포함돼. 물론 전파나 빛도 [파형으로서는] 직접 눈에 보이진 않아. 그러나 [음파], [전파], [광파]라고 불리듯이, [파도의 이미지]로 취급되어지는 거야.

🙂 그렇구나!

🙂 [음파]나 [전파], [광파]와 같이 실제로 보이지 않는 [파형]은 측정기를 사용해 전기적인 [신호(전기신호)]로 바꿔서 관찰해.

🙂 기타 소리가 앰프에서 나오는 것도, 소리의 파도가 전기신호로 변환되기 때문인 거야?

🙂 맞았어! 정확하게는 최종적인 음의 출력은 앰프가 아니라, 스피커이긴 하지만… 기타의 픽업에서 발생된 현의 진동(미약한 음)은 전기신호로 바뀌어지지.
그 전기신호를 앰프로 크게 [증폭]시켜, 스피커가 진동판을 떨어 공기를 진동시키면, 그것이 [소리]로 인간의 귀에 도착한다는 흐름인 거야(그림1-1).

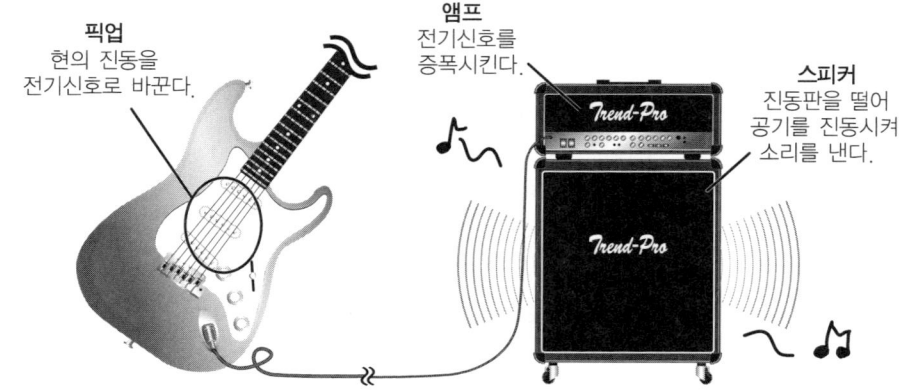

●그림 1-1 기타 현의 진동을 전기신호로 바꿔, 소리로서 출력하는 흐름

🙂 헤에~.

🙂 현의 진동을 [신호]로서 다루는 과정을 자세히 살펴보면, 아까 소리의 예로 설명했던 것 같은 파형을 측정할 수 있어.
그럼, 지금까지 [파형]에 대해 전체적으로 살펴보았지만, 파형은 [횡파]와 [종파]라는 두 종류로 나뉘어지지. 우선은 그 이야기부터 시작해볼게.

🙂 헤~ 파형에도 종류가 있다는 거구나.

🙂 의외였어? 우선은 [전자파]의 얘기를 해보자. 라디오나 TV방송, 휴대전화의 통신에 이용되는 전파와 눈에 보이는 빛이나 열선(적외선)은 그 물리적인 성질이 모두 [전자파]라고 불리는 파형의 일종이야. 이런 전자파가 전달되는 속도는 진공상태 중에서 약 30만 km/초야(공기 중에서도 거의 동일).

🙂 소리가 공기를 통과하는 속도는 340m/초 정도(1기압 16℃ 조건)라고 TV에서 본 적이 있어. 그것과 비교하면 굉~장히 빠르구나~!!

🙂 그래. 전자파는 전장과 자장의 세기의 시간변화가 파형이 전달되는 방향에 대해서 수직으로 변화하기 때문에 [횡파]라고 불러.

🙂 무슨 얘기야?

🙂 지금 우리가 전자파를 타고 앞으로 나간다고 하면, 전장과 자장의 변화는 [좌우]나 [상하]로 파도처럼 움직인다는 뜻이야. 덧붙여, 전자파는 진공 속에서도 전달된다고 해 (그림 1-2).

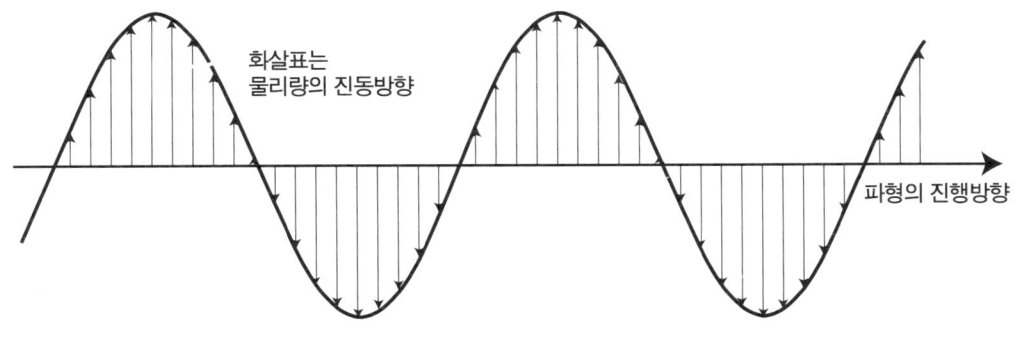

● 그림 1-2 횡파의 이미지

🙂 그렇구나….

제 1 장 푸리에 변환을 향한 여정

🙂 소리도 횡파야?

🙂 유감스럽게도 그건 아니야…. 소리는 [종파]!

🙂 그건 뭔데?

🙂 소리의 경우는, 공기 중을 지나며 공기의 밀도를 높이거나 낮추면서 전달되는 거거든. 우리가 음파를 타고 앞으로 나가는 듯한 이미지를 생각하면, 이 때 공기의 밀도는 우리의 앞뒤에서 변화하는 거야. 이와 같이, 파형이 전달되는 방향과 같은 방향으로 변화하는 것을 [종파]라고 불러(그림1-3).

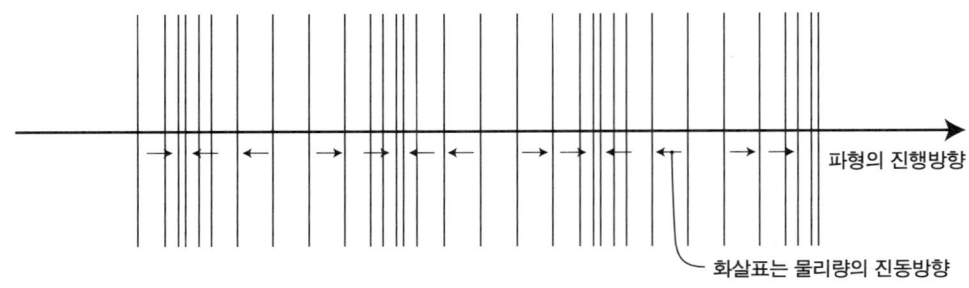

●그림 1-3 종파의 이미지

🙂 용수철(스프링) 같은 운동을 하고 있네!

🙂 비슷하다고 할 수 있어. 종파의 성질을 가진 파도는 그 밀도의 변화를 전달하기 위한 [매질]이 필요하고, 진공상태에서는 전달되지 않거든. 매질은 공기와 같은 기체뿐만이 아니라, 물 같은 액체, 목재나 금속 등의 고체도 될 수 있어. 이러한 매질을 통해서 종파가 전달되는 거야.

🙂 흠….

🙂 종파가 전달되는 방향으로 공기 등의 매질의 밀도가 낮아지거나(疏) 높아지기(密) 때문에 [소밀파(疏密波)]라고도 불러. 이 소밀파를 밀도의 변화로서 그래프로 그려보면 횡파의 그래프와 같은 모양이 돼(그림 1-4).

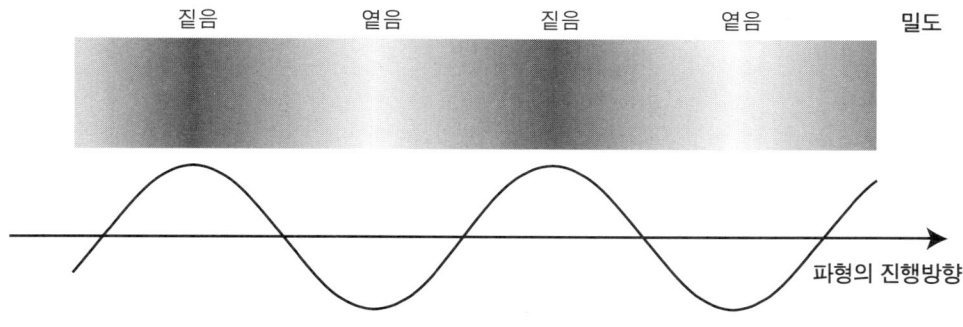

●그림 1-4 소밀파를 그래프에 대응시킨다.

🙂 이와 같이, 종파·횡파의 구별에 관계없이 [파형]이란 개념을 그림의 형태로 나타내는 경우에 [사인(sin)함수]를 사용하지. 정리해 볼게. [횡파]의 경우엔 전장·자장의 진행방향에 대한 상하(좌우)의 변화를 그래프로 나타내면 사인함수가 되고, [종파(소밀파)]의 경우엔 밀도의 변화를 그래프로 나타내면 이것이 사인함수가 되는 거야.

😮 여기서도 sin 이야?

🙂 뭐, 그만큼 푸리에 변환과 삼각함수는 밀접한 관계가 있다는 거겠지. 우선, 여기서는 '그렇다는' 사실만 알아두고 가자고~.

3. 파형의 시간 변화 ♪

🙂 파도라고 하면 젤 처음으로 떠오르는 것은, 연못 등의 수면에 퍼지는 파문이지?

🙂 응, 맞아!

🙂 연못에 나뭇잎이 떠다니고 있다고 상상해 봐. 거기에 돌멩이를 던지면 동심원 모양으로 [파문]이 퍼지잖아? 그렇지만 나뭇잎은 원래 있던 곳을 중심으로 약간 흔들릴 뿐 한 자리에 멈춰있어.

🙂 아~ 확실히 그랬던 것 같아.

🙂 이렇게 파문이 전달되는 모습에서 마루 또는 골을 향해 나가는 속도와 어떤 한 점의 수면의 높이가 상하로 움직이는 속도가 서로 독립적인 관계라는 것을 알 수 있어.

🙂 응원할 때 사람들이 하는 파도타기도….

🙂 그렇네~. 한 사람 한 사람이 손을 올렸다가 내릴 뿐이지만 전체를 보면 파도가 움직이는 것처럼 보이잖아.

🙂 맞아. 파문이 움직이는 현상은 수면이 이동하는 것이 아니라 그 장소에서의 물의 진동이 근처의 물을 움직여서 그 물의 진동이 또 근처의 물을 움직이는… 그런 식으로 주변에 영향을 주면서 발생하는 거야(그림 1-5).

연못에 돌멩이를 던지면 수면에 파문이 퍼진다⋯.

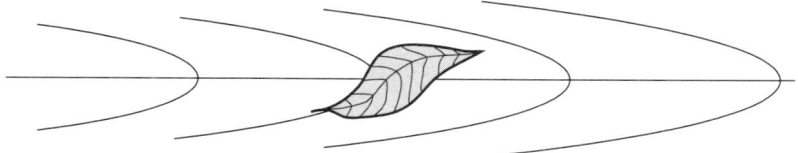

수면을 옆에서 볼 경우, 나뭇잎은 상하로는 움직이지만, 장소는 거의 변하지 않는다.

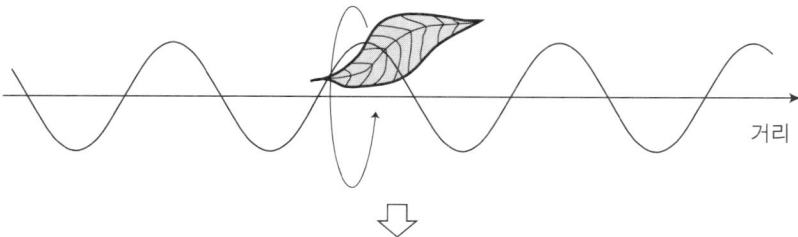

이 나뭇잎의 상하변화가 시간과 함께 어떻게 변화하는지 그래프로 그려보면⋯

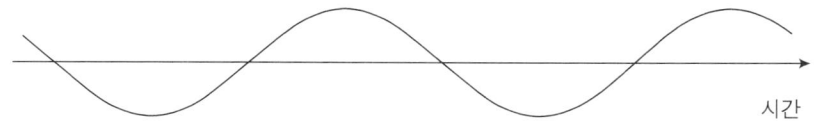

●그림 1-5 파문에 흔들리는 나뭇잎의 움직임과 시간변화

🙂 그렇구나~.

🙂 파도가 전달되는 것은, 파도의 제일 선두부분이 점점 앞으로 나가기 때문이야. 그럼, 우리들이 [파형]이라고 부르는 것은 어떤 것일까?

🙂 [파도]와 [파형]은 다른 거야?

🙂 물론이야. 모처럼 파도타기를 예로 들어 생각해볼까? 사람들이 하는 파도타기는 일렬로 늘어선 사람들이 차례로 손을 들었다 내리는 행동으로 인해 [파도]를 만드는 거라고 생각할 수 있지?

🙂 응⋯.

🙂 멀리서 보면 손을 올린 사람이 [파도의 정점]이 되서 파도가 앞으로 나가는 것처럼 보이잖아. 하지만 특정한 한 사람을 주목해서 보면 그 사람은 시간과 함께 손을 상하로 움직일 뿐이겠지. 이 한 사람의 움직임에 주목해서 시간 변화에 따라 상하의 움직임을 나타낸 것을 [파형]이라고 부르는 거야(그림 1-6).

제 1 장 푸리에 변환을 향한 여정 37

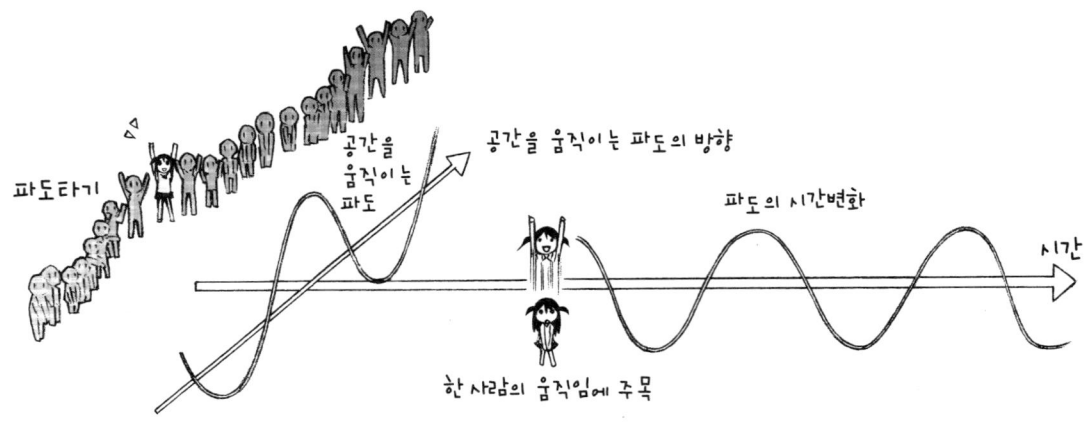

● 그림 1-6 파도를 시간변화로서 다뤄보자.

🙂 응, 응.

🙂 이제 알겠어? 이제까지 보아온 것처럼, 전파(빛을 포함한 전자파 = 횡파)나 음파(소밀파 = 종파)는 모두 시간과 함께 변화하는 [파형]이라고 할 수 있어. 보통 자연계에 존재하는 파형은 단순한 파형이 아니라 복잡한 파형으로 나타나고 있어.

🙂 복잡하다고…?

🙂 아까도 얘기했던 것 같이 복잡한 파형은 몇 개의 단순한 파형들이 합성돼서 만들어진다고 생각하면 돼. 단순한 파형들의 합성으로 복잡한 파형이 만들어진다는 개념이 [푸리에 변환]의 기저를 이루고 있는 거야.

🙂 단순…….

🙂 달리 말하면, 단순한 파형들의 합성이 어떤 주파수나 세기로 성립되어 있는지를 수학적으로 구하는 방법이 [푸리에 변환]이란 거야.

🙂 푸리에 변환….

🙂 지우!! 오늘은 말을 많이 하네?

🙂 …퍽!(혜미를 때리는 소리)

🙂 아얏!

4. 주파수와 진폭

신호나 파형의 개념을 알아봤으니, 주파수와 진폭의 얘기로 푸리에 변환에 대한 직감적인 이미지를 살펴보도록 하자.

오~ 그럼, 주파수란 건 아까 들었고, 진폭은 뭐야?

진폭이란 신호의 고저차를 말하는 거야. 그리고 파형의 마루·골의 1세트를 [주기]라고 불러. 아까 주파수란 [1초에 몇 번 진동하는가]를 나타내는 거라고 말했었는데, 이것을 파형으로는 [1초에 몇 개의 주기가 있는가]라고 생각할 수 있어. 예를 들어 2Hz의 주파수를 보면 이렇거든(그림 1-7).

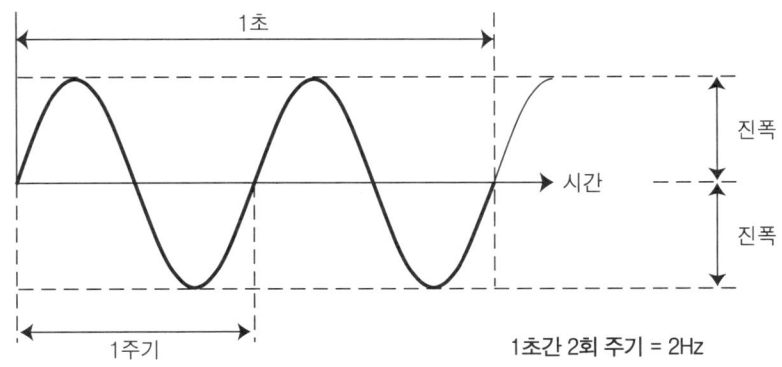

●그림 1-7 2Hz의 신호의 주기와 진폭의 이미지

헤에~.

또, [1주기]는 반드시 0의 높이에서부터 시작하는 것은 아냐. 마루·골의 1세트가 만들어지면 [1주기]인 거야(그림 1-8).

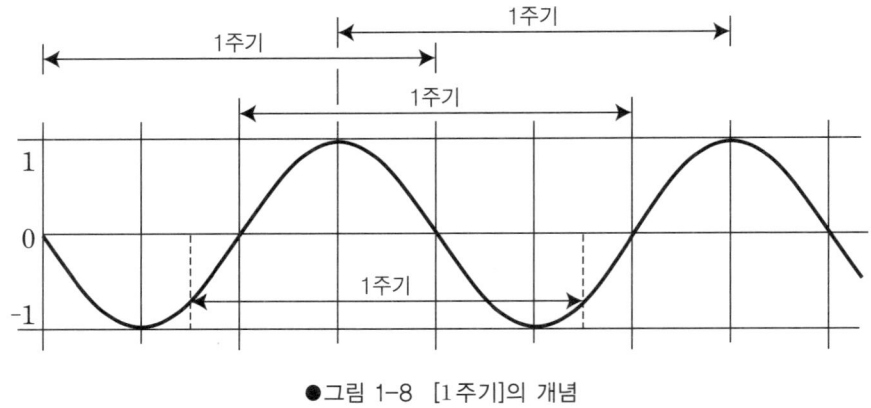

●그림 1-8 [1주기]의 개념

이번에는 아까 2Hz의 신호를 스펙트럼을 이용해서 그래프로 만들어보면, 이렇게 돼.

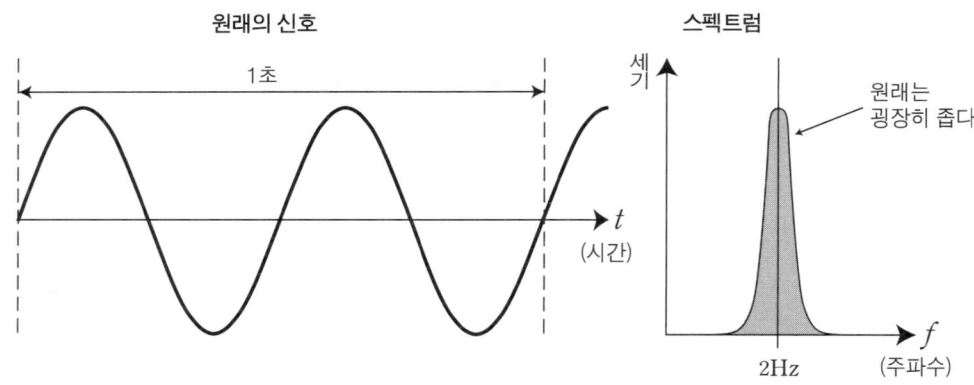

●그림 1-9 2Hz 신호를 스펙트럼으로 나타낸다.

x축의 2Hz가 있는 곳에, 진폭만큼의 크기를 그리면 되는 거야?

딩동댕♪ 그럼, 진폭이나 주파수가 실제로 귀에 들어오는 소리와는 어떤 관계가 있는지를 설명해볼게. 진폭은 그 크기가 소리의 크기(강·약)와 대응하지. 결국, 진폭을 작게 한다는 것은 TV나 라디오의 음량을 줄이는 것과 대응해. 이 관계를 그래프로 그려볼게(그림 1-10).

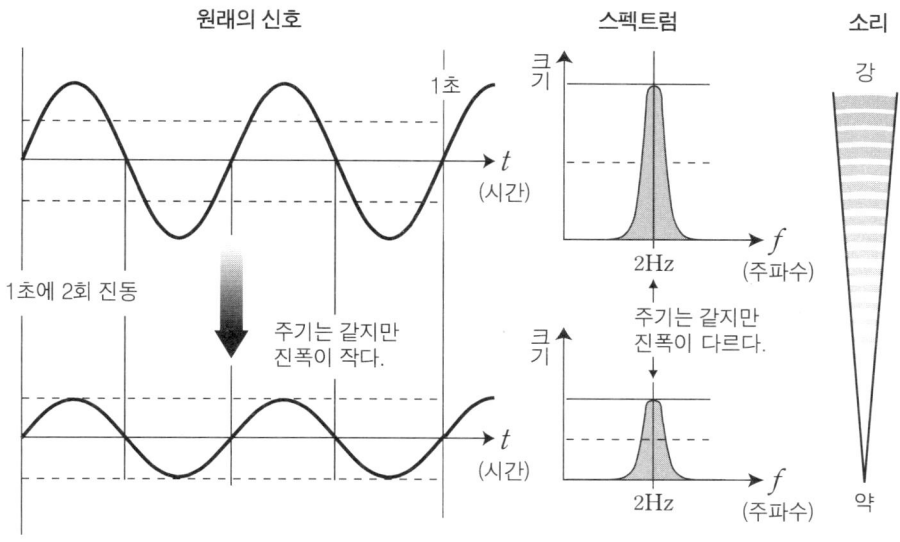

●그림 1-10 2Hz 신호의 진폭에 따른 차이

> 스펙트럼이 작으면 소리도 작다는 거야…?

> 맞아♪ 그럼, 주파수가 올라가면 어떻게 될까? 예를 들어 1초에 8회 진동하는 파형이 있다고 하자. 이 경우 처음의 파형과 비교하면 시간은 같아도 파도의 반복은 4배가 돼. 스펙트럼을 그려보면 8Hz의 부분에 마루가 생겨. 이렇게 주파수를 올리면 원래의 신호와 비교해서 높은 음을 내게 되는 거지(그림 1-11).

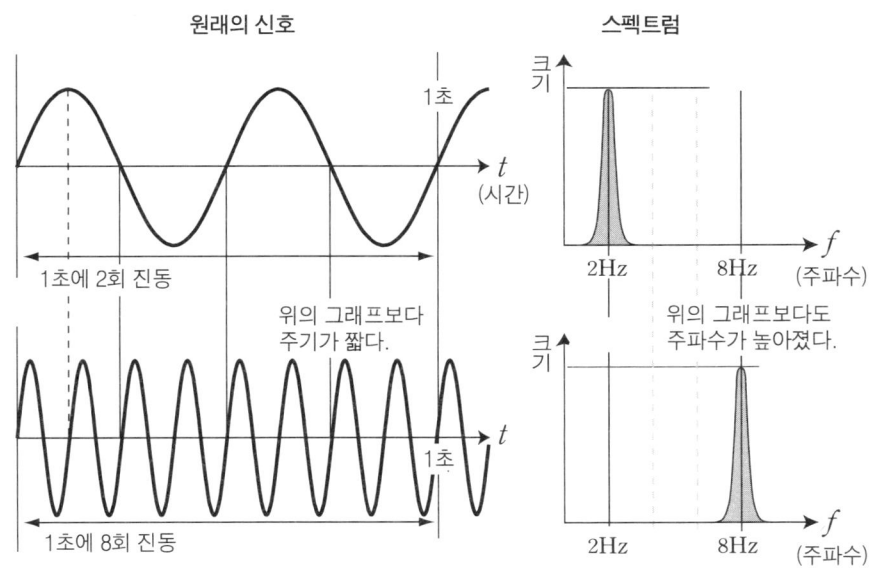

●그림 1-11 2Hz 신호와 8Hz 신호의 차이

🗨 그러고 보니, 기타나 베이스의 현도 얇은 현이 두꺼운 현보다 떨림도 빠르고 음도 높았어!

🗨 게다가 현을 강하게 튕기면 그만큼 현은 크게 떨려서 큰 소리가 나잖아. 그런 관점에서 생각해보면 현의 진동과 신호의 파형은 서로 유사한 관계인 것 같아. 거꾸로 생각해보면 낮은 음을 내기 위해서는 현의 떨림을 느리게 할 필요가 있으니 필연적으로 현을 두껍게(무겁게)해야 한다던가.

🗨 오~ 진짜!

🗨 이것으로 신호와 주파수가 가지는 의미나, 그것을 스펙트럼으로 표현할 때의 이미지는 이해됐겠지? 그런데 실제의 소리나 목소리는 여러 가지 주파수의 파형이 섞여있기 때문에 훨씬 더 복잡한 형태를 하고 있어.

🗨 그 복잡한 파형에서 스펙트럼을 구하는 것이 푸리에 변환 아니야?

🗨 바로 그거야! 그럼, 그 개념에 대해 살짝 살펴보도록 할까. 예를 들어 이런 식의 복잡한 파형이 있다고 해보자…(그림 1-12).

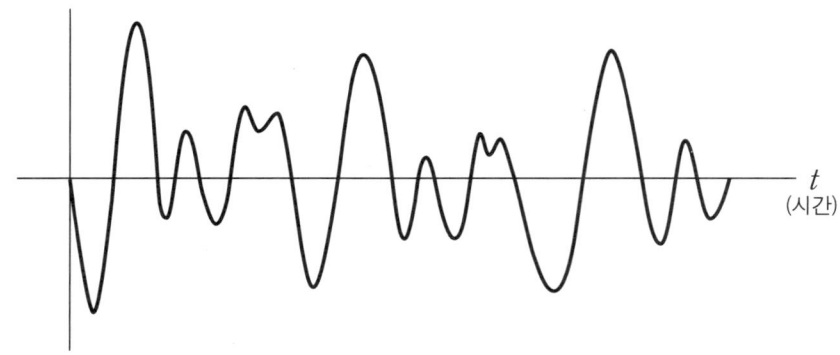

●그림 1-12 복잡한 파형의 예

🗨 복잡….

🗨 푸리에 변환을 실행하려면, 원칙적으로 파형이 일정 주기를 가져야 해. 그래서 복잡한 파형을 짧은 부분들로 나눠서, 그 구간에서 파형이 반복된다고 가정하는 거야.

🗨 복잡한 파형인 경우 주기같은 건 어떻게 되는 거야?

🙂 가장 큰 파도를 [기본주파수]로 보는 거지. 복잡한 파도에는 이런 저런 주파수가 섞여 있지만, 그 중에서도 가장 큰 기본이 되는 주파수를 기본주파수로 삼는 거야. 예를 들어, 아까의 파형을 1초 단위로 나눠보자. 가장 큰 변화를 보이는 파도를 단위로 주기를 다시 한번 자르면, [기본주기]가 되는 거야. 이 파형에서는 1주기가 0.5초니까, 기본주기는 0.5초이고 기본주파수는 2Hz가 되는 거지(그림 1-13).

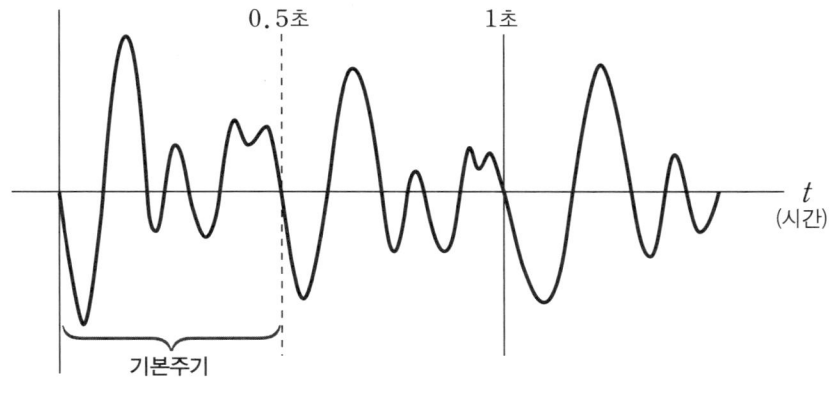

●그림 1-13 기본주기

🙂 오오~ 그래서, 그걸 어떻게 하는 건데?

🙂 복잡한 파형을 어떤 길이로 나눠서, 거기서 하나 하나의 파형, 즉 주파수성분을 추출하는 작업을 실행하는 거야. 이 때, 삼각함수나 적분에 관한 지식이 필요하게 되는 거야.

🙂 헤에~. 삼각함수는 아까 사인이 나와서… 왠지 관계가 있을 듯한 느낌이 들긴 했지만… 적분도 쓰일 줄이야….

🙂 지금은 상상되지 않겠지만, 천천히 따라오기만 하면 쉽게 이해될 거야♪ 주파수성분을 이해하면 각각의 크기를 구해서 순서대로 하나의 그래프에 정리함으로써 스펙트럼을 알 수 있어! 이것이 푸리에 변환의 일련의 흐름이야. 다시 한번 정리하면 이렇다고 할 수 있어(그림 1-14).

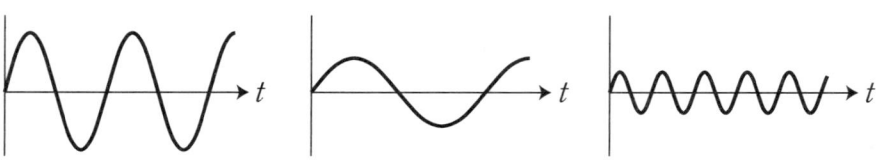

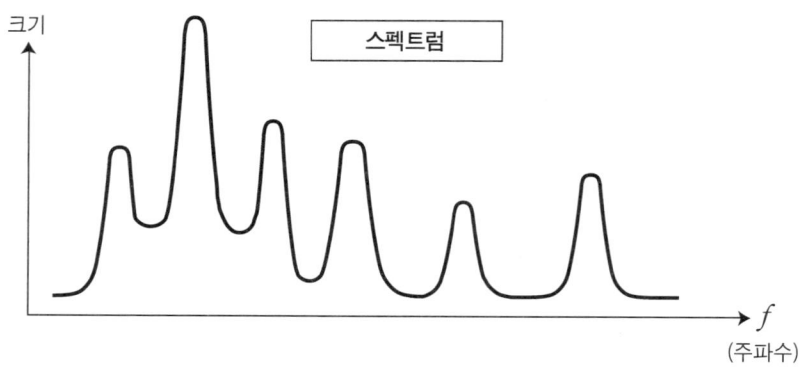

●그림 1-14 푸리에 변환의 이미지

흠흠. 이것이 [푸리에 변환]이고, 푸리에 변환의 결과로 파형에 대한 분석을 하는 것을 [푸리에 해석]이라고 하는 거구나~.

5. 조셉 푸리에의 발견

- 그럼, 여기서 잠깐 [푸리에 변환]의 역사적인 흐름을 얘기해볼까?

- 이번엔 역사수업인 거야~?

- 배경지식을 알아두면, 흥미가 생기고 이해도 깊어질 거야….

- 뭐, 들어줄테니까 얘기해봐~!!

- …하아~…(한숨).

- 푸리에 변환은 1812년에 프랑스의 수학자 조셉 푸리에(1768~1830)가 [열전도법칙]에 관한 문제를 풀 때 발견했어.

- 푸리에는 사람의 이름이었구나~. 그런데 [열전도법칙]이 파도랑 무슨 관계가 있는데?

- [열전도]란 열이 물질에 전달되어 가는 것을 말하는데, 이것은 여러 요인의 영향을 받는 복잡한 현상인 거야. 그러나 푸리에는 복잡한 현상도 간단한 현상들이 조합되어 만들어진 것이란 걸 발견한 거지.

- 그게 복잡한 파도도 간단한 파형들의 합성으로 만들어졌다고 용케도 알아냈네~.

- 실은 당시에, 푸리에는 파도나 스펙트럼으로의 응용까지는 생각하지 못했어. 그러나 그 후에 푸리에의 발견은 연구가 진행되어 [파형의 성질을 조사하는 수학적인 사고방식]으로 보급된 거야.

🙂 흠흠.

🙂 그러나 자연계에 넘쳐나는 복잡한 파형을 다 계산할 수는 없겠지. 그래서 1965년 고속 푸리에 변환[FFT(Fast Fourier Transform)]이란 방법이 고안되었어. FFT는 삼각함수의 기본적인 성질을 잘 조합함으로써 효율적으로 푸리에 변환을 하는 방법이야. 푸리에 변환은 FFT와 컴퓨터의 보급으로 인해 순식간에 물리학이나 공학의 분야까지 활용 영역이 넓어지게 되었어.

🙂 [소리]와 관계없는 곳에서도 유용하게 쓰이고 있네….

🙂 빛이나 전파도 전기적인 [신호]로 바꾸면 파형으로 관찰된다고 얘기했었잖아. 바꿔 말하면 신호로서 관찰할 수 있는 많은 것들에 푸리에 변환을 응용할 수 있다는 소리야! 알기 쉬운 예를 들어보면, 병원들에서 많이 보는 [심전도]는 사람의 심장의 움직임을 확실하게 [파형]으로 나타낸 거야.

🙂 오~ 과연…!

🙂 [음 신호]에서 [필요한 음]과 [잡음]을 나눠서, [필요한 음]만이 전달되게 만들거나 [심장의 고동]을 파형으로 만듦으로써 [정상적인 움직임]인지 [비정상적인 움직임]인지를 판단할 수 있어. [시다]란 미각정보나 [달콤한 냄새]란 후각정보도 전기신호로 바꿀 수 있다고 하면 푸리에 변환의 응용범위의 영역이 얼마나 넓은지 상상할 수 있겠지?

🙂 푸리에는 정말 대단하구나!

6. 푸리에 변환을 위한 수학적 준비

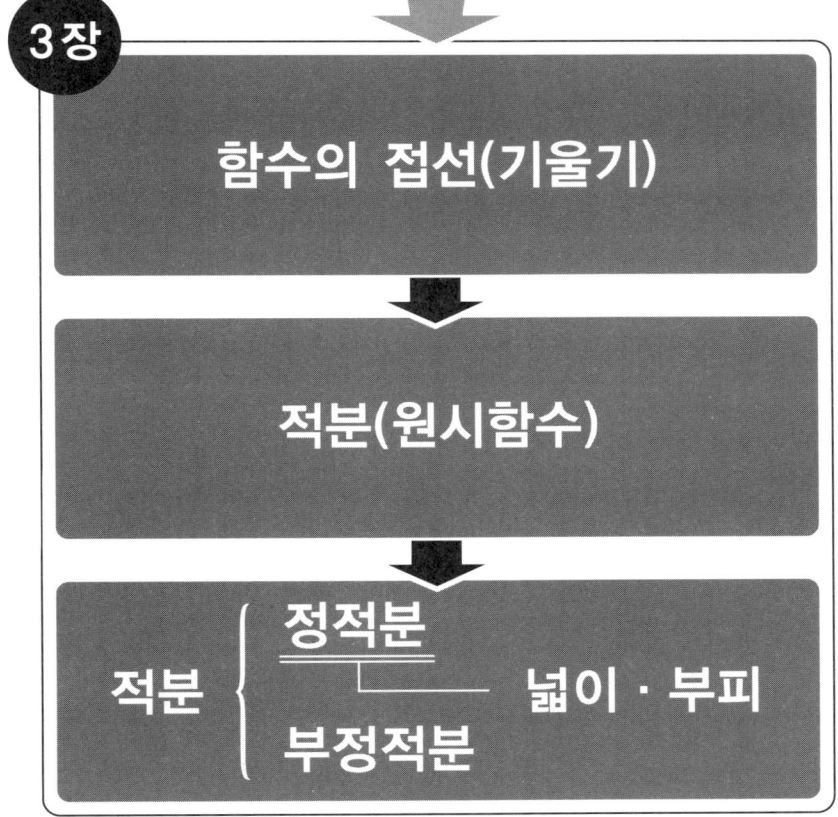

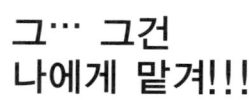

제 2 장
삼각함수

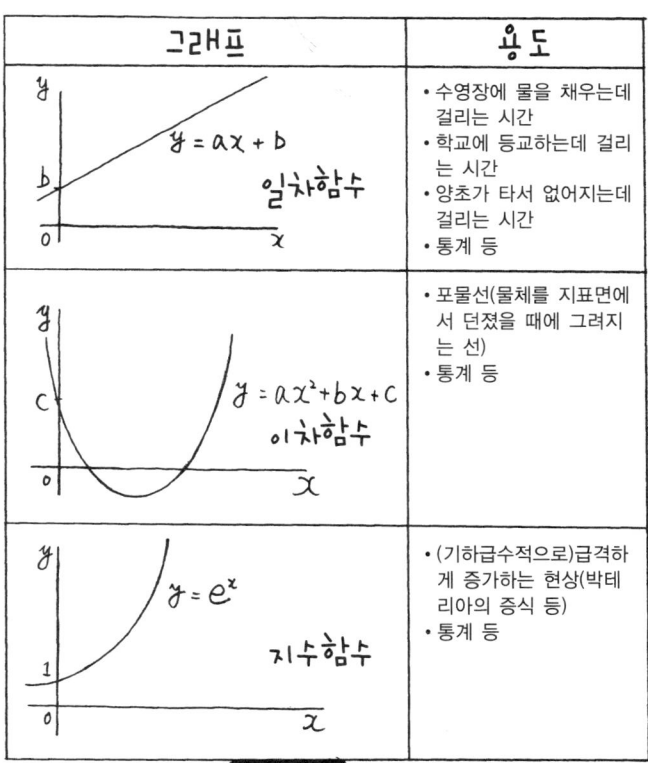

이 관람차는 지름이 20m이고 한 바퀴를 도는 데, 6분이 걸려.

귀여운 관람차다~!

1회전은 360도니까 30초에 30도(360도÷(6분÷30초)), 1분에 60도(30도÷30초※)를 회전하는 거지.

흐음

이 관람차의 곤도라의 높이가 시간과 함께 어떻게 변화해 가는지를 그래프로 그려보자.

※ 30초＝0.5분

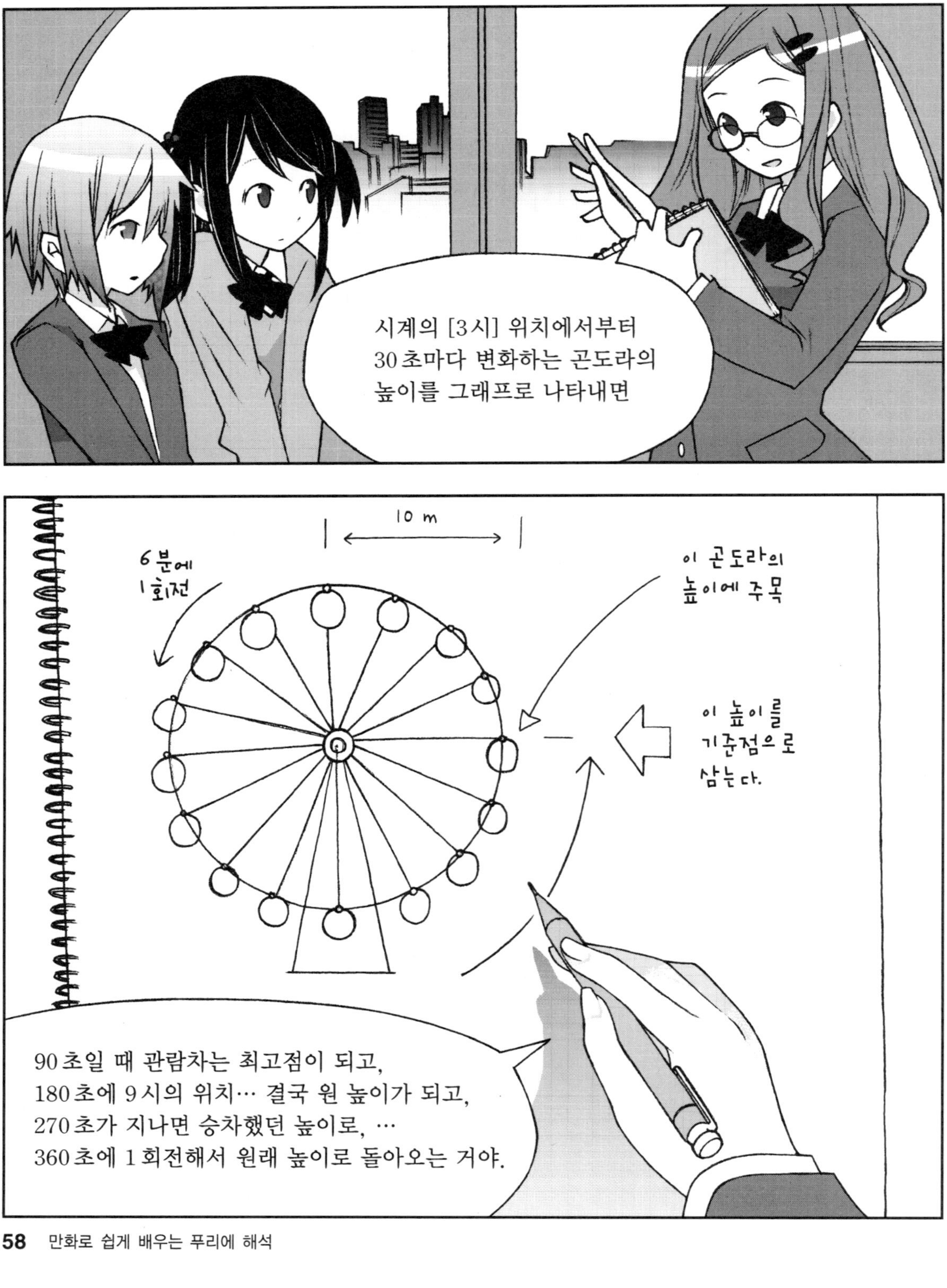

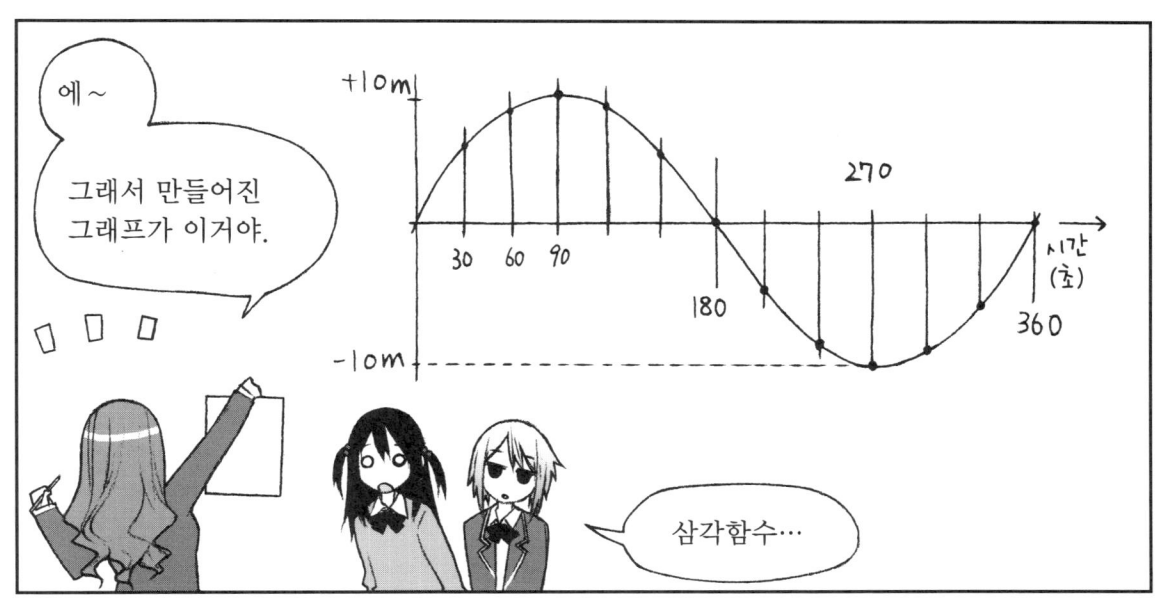

에~

그래서 만들어진 그래프가 이거야.

삼각함수…

맞아!

이 파도와 같은 형태는 삼각함수의 그래프 그 자체라고 할 수 있어! 함수라는 건 한 쪽의 값이 정해지면 다른 한 쪽의 값도 정해지는 대응 관계를 말하는 거야.

그래프는 대응 관계의 연속된 결과를 나타내는 것이고.

이 경우 y축의 [높이]가 x축의 [시간]에 의해 변화하는 [높이를 시간의 함수로 나타내었다] 라고도 말할 수 있어.

그래….

근데, 이것의 어디가 삼각이란 거야?

좋은 질문이야!

한 번 더 우리들이 탔었던 곤도라에 주목해보자!

2. 단위원

🍎 각도나 길이를 조금 더 수학적으로 보면 나중에 여러 가지로 편리하니까 미리 설명을 해줄게.

🍎 그래.

🍎 아까의 예에서는, 관람차의 지름을 20m 라고 정했었지만, 수학에서 길이에 있어서 미터와 같은 [단위]는 특별히 중요한 건 아니야. 또, 관람차의 반지름이나 원의 반지름 등도 다루기 쉽도록 전부 [1]로 놓는 경우가 많아. 실제로 응용할 때에는 길이가 되기도 하고 전압이 되기도 하고, 여러 가지 양에 적용할 수 있거든. 여하튼 지금은 뭔가 기준을 만들어서 그것을 1로 부를 거야. 이렇게 해서 반지름이 1로 정해진 원을 [단위원]이라고 불러.

🍎 반지름이 1! 단순하네. 알기 쉬워서 좋은데?

🍎 조금 수학적이긴 하지만, 반지름이 1인 원의 중심을 원점으로 해서 왼쪽으로 x축, 위로 y축을 그려보도록 하자. 여기서 [축]이란 것은 기준이 되는 직선을 의미해. 이 축들을 기준으로 해서 각도를 재기도 하지. 여기에 쓴 단위원에선 반지름 [1]은 길이를 나타내고 있어. 이 때, 이 반지름과 같은 길이를 원주 위에 옮겨서 만들어진 각도를 [1 라디안]이라고 정해 놓았어(그림 2-1).

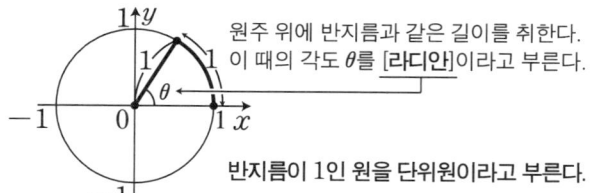

●그림 2-1 단위원에 대한 1라디안의 개념

라디안~? 그게 무슨 도움이 되는데~?

삼각함수를 다룰 때, 이 [라디안]이란 단위는 무척이나 중요하거든. 그것도, 반지름이 1인 단위원은 각도가 원주의 길이와 밀접하게 연관되어 있어서 라디안을 사용함으로써 여러 가지 계산도 쉽게 할 수 있어.

흐-음. 근데 [θ]는 또 뭔데?

θ(세타)는, [각도]를 나타내는 기호라고 생각해 줘.

[x]나 [y]같이 말야?

아차, 원주를 구하는 공식은 다들 외우고 있겠지?

…$2\pi r$?

맞아! π는 원주율, r은 반지름을 말하는 거잖아. 다시 말해서 원주율(π)는 [지름($2r$)]과 [원주의 길이]의 비라고 할 수 있어. 단위원은 반지름이 1이니까 지름은 2, 따라서 원주의 길이는 2π가 되는 거야. 원주라는 건, 관람차를 생각하면 하나의 곤도라가 1회전(360도)하는 궤도의 길이라고 할 수 있어 이것을 라디안으로 생각해볼까?

원주 위에 1의 길이를 취했을 때에 가능한 각도가 1라디안이 되는 거야?

맞아♪ 원주의 길이는 2π이니까, 그것을 라디안으로 나타내면 2π라디안이 되는 거야! 지금까지 각도를 도(또는 분, 초)로 나타낸 것을 360도＝2π라디안으로 놓을 수도 있어. 즉, 원주 위의 길이로 각도를 나타내는 것이 라디안인 거지.
덧붙여, 각도와 라디안은 이런 식으로 대응하고 있어(표 2-1).

라디안	$\dfrac{\pi}{6}$	$\dfrac{\pi}{4}$	$\dfrac{\pi}{3}$	$\dfrac{\pi}{2}$	π	2π
각도	30°	45°	60°	90°	180°	360°

●표 2-1 각도와 라디안의 대응

케이크를 자르는 것 같은데…?

그거야. 동그란 케이크를 등분으로 나눌 때는 원주…, 즉 케이크의 원주 위의 길이를 대충 짐작으로 자르니까. 개념은 이것과 비슷하다고 할 수 있어. 일상생활에서 예를 그다지 많이 들 수 없는 [라디안]이지만, 함수를 다룰 때에는 [공통규격] 같은 거야.

3. 사인함수 ♬

🙂 우선은 이 그림을 봐 줘(그림 2-2).

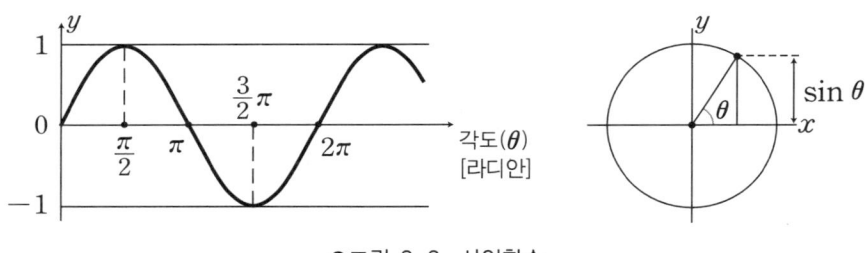

●그림 2-2 사인함수

🙂 아까의 관람차의 예로 얘기를 나눴던 것을 다시 한번 생각해봐. 곤도라의 위치, 즉 원주 위를 회전하는 어떤 한 점의 높이의 변화를 기록했던 그래프와 똑같은 모양이지?

🙂 응응, 진짜로 그렇게 됐어! 이게 삼각함수구나~.

🙂 이 형태를 사인함수 혹은 정현함수라고 불러. 한번 더 [함수]라는 단어의 의미를 확인해 두자. 이 경우의 그래프를 보면 x축이 [각도], y축은 [단위원 위의 한 점인 x축에서의 높이]를 나타내고 있어. 즉, y축의 값(y)은 x축(각도)의 값(x)에 대한 함수란 거지.

🙂 sin은 삼각형의 [높이]에 주목하면 되는 거구나….

🙂 맞아! 회전운동을 관련짓자면 아까 그래프로 그려봤던 $\theta=0$(회전하는 점이 반드시 x축 위에 있을 때)에서 시작하는 사인함수가 돼. x축을 기준으로 해서 임의의 각도의 크기를 θ로 잡았을 때의 높이를 y라고 하면 이들의 관계는 $y=\sin\theta$라는 식으로 나타낼 수 있지.

4. 코사인함수

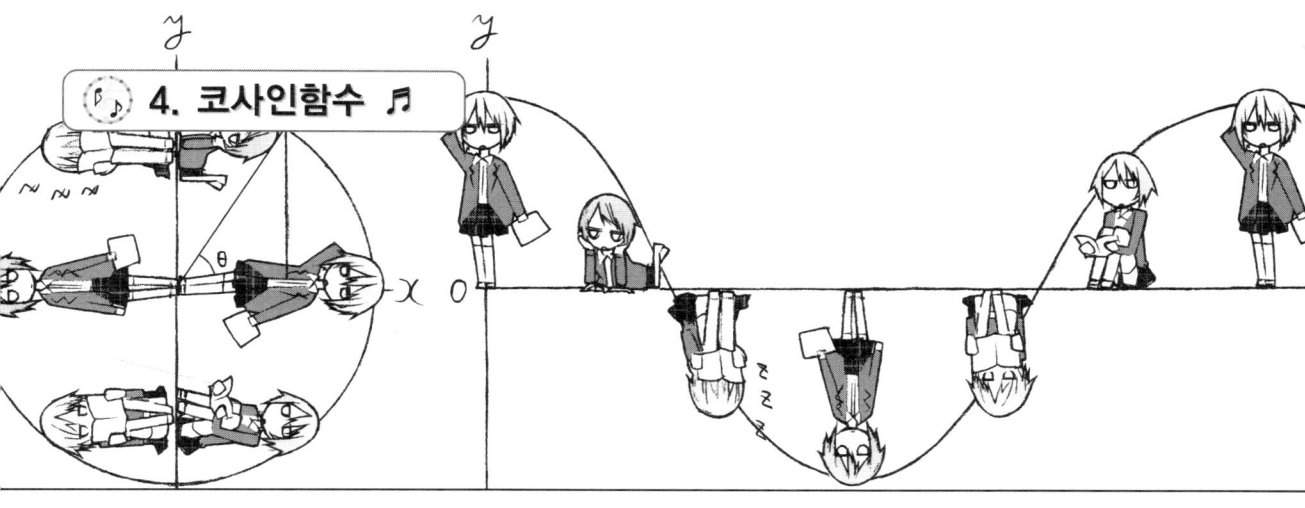

sin θ가 어떤 점의 높이, 즉 y의 값에 주목했다면 x의 값에 주목한 것이 cos θ야. 처음에 $θ=0$일 때, 그 점이 x축에 투영된 길이는 반지름과 같은 1이야. $θ$가 서서히 커지면 그 점이 x축에 투영된 위치는 중심에서 $\cos θ$만큼 떨어진 길이가 돼. 이것을 그래프로 그려보면 아래의 그림과 같아(그림 2-3).

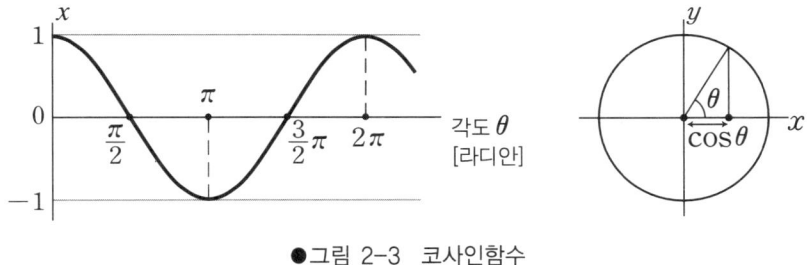

●그림 2-3 코사인함수

이것을 $x=\cos θ$라는 식으로 나타내기로 한거야. sin θ가 y축에 투영된 상에 주목하는 데 비해서, cos θ는 x축에 주목하고 있기 때문에 $x=\cos θ$가 되는 거지. 이런 함수를 코사인함수 또는 여현함수라고 불러.

sin 그래프랑 닮았어….

맞아!!! 실은 사인함수와 코사인함수는 기본 형태가 같다고 할 수 있지. 이제, sin θ와 cos θ의 두 그래프를 함께 그려보기로 하자(그림 2-4).

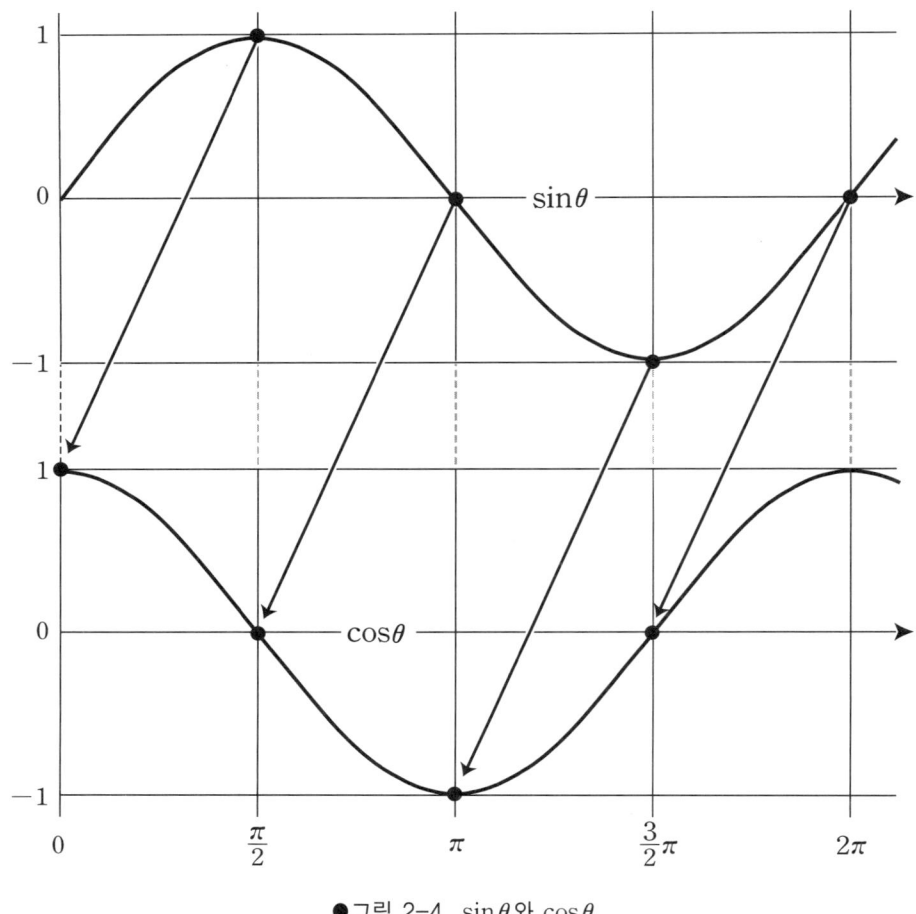

●그림 2-4 $\sin\theta$와 $\cos\theta$

오오! 정말로 똑같은데?

내 말은 전혀 안 믿는다니까…!?

$\cos\theta$가 $\sin\theta$보다 $\frac{\pi}{2}$만큼 밀려나 있지만, 같은 형태의 파형을 이루고 있다는 것을 알 수 있어. 이것은 sin과 cos이 각각 y축에 대응하는지, x축에 대응하는지에 대한 견해의 차이로서, 서로 $\frac{\pi}{2}(90°)$만큼 밀려서 그리면 같은 값을 가지게 된다는 것을 직감적으로 알 수 있을 거야.

5. 매개변수 표시와 원의 방정식

🙂 단위원 위의 점이 이동할 때, 원주 위의 모든 점의 밑각을 θ로 놓으면

$x=\cos\theta$

$y=\sin\theta$

라고 나타낼 수 있지.
이런 것들을 θ를 변수로 하는 [매개변수 표시]라고 불러. 이것도, 삼각함수의 응용의 중요한 부분이라고 할 수 있어.

🙂 매개변수 표시~?

🙂 즉, θ에 주목해서 보면 $x=\cos\theta$와 $y=\sin\theta$를 사용함으로써 어떤 한 점을 정하는 것을 매개변수 표시라고 해.
지금, 하나의 θ에 주목해서 $x=\cos\theta$와 $y=\sin\theta$를 계산하면 한 조를 이루는 (x, y)란 xy평면 위의 [점]이 정해지겠지. 거기서 θ를 변화시키면 그에 대응하는 여러 가지 (x, y)의 점의 집합은 [원]이란 함수(원주 위의 모든 점을 말한다)를 나타내는 거야.
중학교에서 배웠던 수학에서는 함수라는 것이 $y=\cdots$로 쓰여지는 하나의 식이었지만, 이와 같은 함수 표현은 2개의 식(θ는 양쪽에 모두 포함된다)으로 성립되는 것이 특징이라고 할 수 있어.

🙂 이것도 [원]과 결합되어 있기 때문인 거야?

🙂 잠깐만, 원의 방정식은 외우고 있어?

🙂 음…, 교과서에서 봤었던 것 같기도 하구….

제 2 장 삼각함수

🤓 $x^2+y^2=r^2$ 이니까, 꼭 기억해 둬!

😃 맞아, 그거였어!!

😊 원은 어느 한 점에서 일정한 거리에 있는 점들의 집합이라고 볼 수가 있어. 그 하나하나의 점들은 원의 공식에 적용될 수 있다는 거야.

😐 …그걸 가지고 뭘 할 건데?

🤓 원의 방정식에 아까의 [매개변수 표시]를 대입해 보자. 지금 다루는 것은 반지름(r)이 1인 단위원이기 때문에 그 방정식에 $x=\cos\theta$, $y=\sin\theta$와 $r=1$을 각각 대입하면…
원의 방정식
$x^2+y^2=r^2$
$\Rightarrow \cos^2\theta+\sin^2\theta=1^2$

이 되겠지. 이것도 중요한 방정식(관계식)이니까 잘 알아둬!
단, $(\sin\theta)^2$을 $\sin^2\theta$, $(\cos\theta)^2$을 $\cos^2\theta$로 나타내고 있어.

😃 그게 뭔데?

🤓 이것은, 즉 삼각함수에 의해 [피타고라스의 정리]를 확인할 수 있다는 말인 거지!

😶 음~ 피타고라스의 정리가 뭐였더라?

🤓 피타고라스의 [직각삼각형의 넓이에 대한 정리]라고 불리는 것으로, 직각삼각형의 세 변의 길이를 a, b, c로 놓으면 $\angle C=90°$일 때,

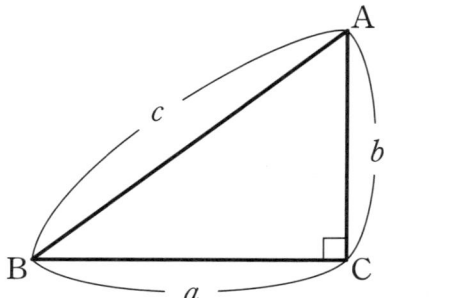

의 관계가 성립한다는 정리야.

😠 수학은 참 불가사의하구나~!

🙂 그게 바로 수학의 매력이라고♪ 매개변수 표시로는 $x=\cos\theta$, $y=\sin\theta$라고 해. $\cos\theta$는 삼각형의 밑변, $\sin\theta$는 높이라고 놓는 거지(관람차를 생각해봐). 그 때문에, 아까 계산했던 $\cos^2\theta+\sin^2\theta=1^2$은, 실제로 $a^2+b^2=c^2$의 관계와 같다는 것을 알 수 있을 거야.

😶 아~ 과연….

🙂 원주 위의 회전운동을, 이 정리와 매개변수 표시를 이용해서 삼각형의 비율의 개념으로 치환할 수 있어

😶 그러고 보니, 수업에서 삼각함수는 먼저 삼각형의 비율 얘기부터 시작했었던 것 같아.

🙂 오~ 수업은 잘 듣고 있나보지?

😶 실례라구! 한마디도 빠짐없이 듣고 있어!

😑 …선생님 몰래 음악을 말이지?

🙂 우후후…. 그래도, 확실히 교과서에 나오는 삼각함수의 설명은 직각삼각형의 빗변(c), 밑변(a), 높이(b) 그리고 밑각(θ)의 관계를 정지되어 있는 것(혹은 시간의 변화를 한순간 멈춘 상태)으로 놓고

$$\sin\theta=\frac{b}{c} \implies \theta\text{의 사인(정현)}$$

$$\cos\theta=\frac{a}{c} \implies \theta\text{의 코사인(여현)}$$

$$\tan\theta=\frac{b}{a} \implies \theta\text{의 탄젠트(정접)}$$

라고 정의하고 있어. 때문에 각도를 변의 비율로 생각해서 삼각함수의 정의를 소개하고 있는 거야(그림 2-5).

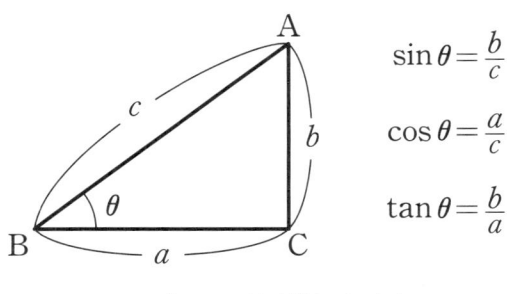

●그림 2-5 삼각함수의 정의

🙂 맞아, 맞아! 그거야, 그거!!!

🙂 단위원으로 생각할 경우, 반지름 r은 앞의 삼각형의 c(빗변)와도 바꿀 수 있어. 즉 $c=1$이 되니까, 이 정의에서도 [$\sin\theta=b$(높이)], [$\cos\theta=a$(밑변)]가 되는 거지.
소리 등의 파형으로 시간과 함께 변화하는 물리량 등과 관계지어 볼 때에는 θ가 시간과 함께 변화한다는 것을 의식하는 편이 이해하기 쉬울 거야.

🙂 흠….

6. 시간변화를 하는 양의 삼각함수 적용

- 삼각함수에선 그 안의 변수 θ는 각도를 나타내지만, 길이의 단위(m : 미터)라던가 시간의 단위(s : 초)라던가 무게의 단위(kg : 킬로그램) 등의 단위는 가지지 않아. 즉, 물리적인 단위는 가질 수 없어.

- 에에~. 물리적인 단위가 없다는 건 무슨 뜻이야?

- 일상생활에서 우리 주변에 있는 양은 m(미터 : 길이), kg(킬로그램 : 질량), s(초 : 시간), A(암페어 : 전류) 등, 각각 물리적인 단위를 가지고 있어. 그러나 각도(라디안)는 그와 같은 물리적인 단위와는 직접 관계가 없는 조연일 뿐이거든. 그래서 sin(4km)라던가 cos(3초)같은 표현은 없는 거야.

- 헤에~ 그런 거야?

- 그렇긴 하지만, 푸리에 변환은 시간과 함께 변화하는 것들을 다루기 때문에 그런 단위가 없으면 불편해. 그래서 변수 θ에 물리적인 단위를 억지로 부여하는 거지.

- 적당하게 그냥 이름 붙이면 되는 거 아니야?

- 합당한 의미가 없이 그저 이름만 붙이는 건 안 돼! 각도의 변수 θ에 물리적인 단위를 갖게 하고 싶다면 관점을 바꿔야 해. 구체적으로 [매초(s) ○○라디안(rad) 움직인다 (회전한다)]라는 단위를 만드는 거야!

- 아아~. 얼마나 움직였는지(회전했는지) 알 수 있으면 자연히 각도(θ)도 알 수 있을테니까 말이지…. 변수 θ는 물리적인 단위가 없지만, [매초 ○○라디안 움직인다(회전한다)]에는 물리적인 단위가 있다는 거지?

🙂 그야 당연하지♪ 이와 같은 단위를 가지는 변수를 물리학이나 전자공학에서는 [ω(오메가)]라는 문자를 사용해서 나타내고 있어. 이 물리량 ω는 [각속도]라고 불러. 통상적인 [속도]의 단위를 매초 ○○미터(m/s)라고 표현하는 경우와 비교해서, 매초 ○○라디안(rad/s)을 각속도라고 부르고 있는 거야. 따라서 각속도도 [빠르다 · 느리다]란 표현을 쓸 수 있어~.

🙂 즉, 관람차의 경우엔 6분(360초)에 1바퀴(360도 = 2π) 움직였으니… [매초 $\frac{\pi}{180}$ 라디안(rad/s)] 움직였다는 말이네?

🙂 그래, 맞아♪ 감각적으로도 물리적인 단위가 있다는 것을 알 수 있겠지? 다른 관점에서 보면 각도의 시간변화는 원주 위를 회전하는 점의 [회전하는 속도]라고 생각할 수 있으니까, [매초 ○○회전한다]는 현상으로 볼 수도 있는 거지. 이와 같은 관점에서 ω을 [각주파수]라고도 불러. [각주파수]는 [주파수]와 깊은 관계를 가지지.

🙂 오오~, 주파수의 등장이다!!

🙂 정리해보면, ω(rad/s)와 t(s)를 곱한 양(ωt)은 각도라는 물리적인 의미를 가지기 때문에 삼각함수의 변수로 이용할 수 있어. 이로 인해 시간에 따라 변화하는 양(예를 들어 x나 y)을, 각도의 단위(rad)로 고쳐서 다룰 수 있는 거지.

🙂 이것도 단위, 저것도 단위,…. 점점 어려워지는구나….

🙂 ……

🙂 나도 새로운 단위 [Woo]를 만들었어!!

🙂 뭐, 뭐야. 그건?

🙂 말 없음 정도를 나타내는 단위지롱!! 오늘의 지우는 92Woo 정도 되려나?

🙂 … 퍽! (혜미를 때리는 소리)

🙂 윽!

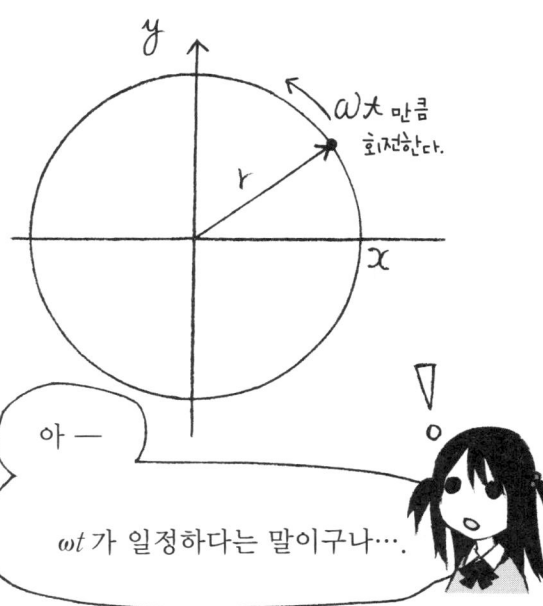

가로축을 시간(t), 세로축을 y의 위치로 그래프화하면 이렇게 돼.

사인함수…

과연…

아까는 ωt의 t(시간)를 x축에 놓았었지만, 반대로 ω를 x축으로 놓으면 이렇게 변해.

어랏?

하나의 막대기가 되어버렸네….

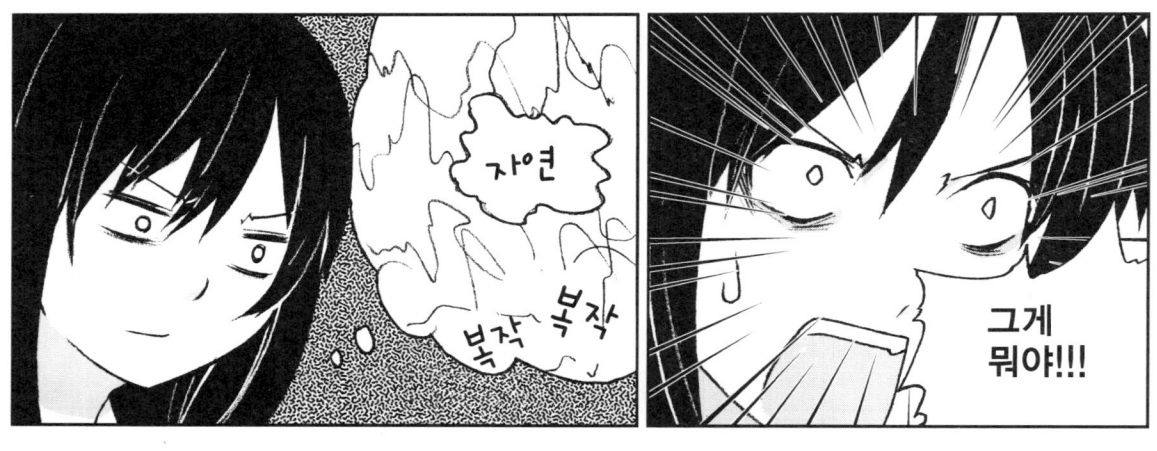

제 3 장
적분과 미분

아차, 그렇지….

그… 그랬었지.

그럼 잠깐 쉬는 동안 설명할게.

아이스크림 사왔어.

예린이가 이번엔 제트코스터를 통해서 공부하자고 했었잖아….

할 마음 제로

이번엔 적분과 미분에 관한 얘기야.

sin + cos

그렇다곤 해도

[푸리에 변환]을 알기 위해 필요한 삼각함수인 sin과 cos에 관한 것만을 중심으로 설명하겠지만….

그래, 짧게 해봐~.

그러고 보니

적분도 푸리에 변환과 관계있다고 했었지?

삼각함수를 곱해서

= 적분을 한다

푸리에 변환을 실행하기 위해선

[삼각함수]를 곱해서 그것을 적분할 필요가 있거든.

제 3 장 적분과 미분　83

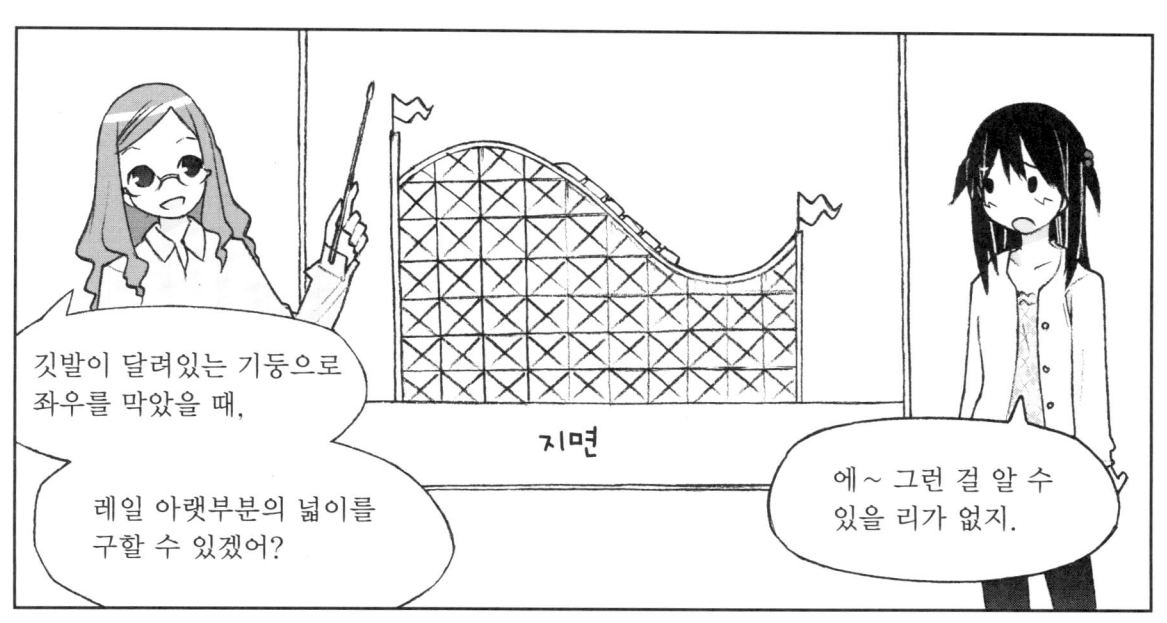

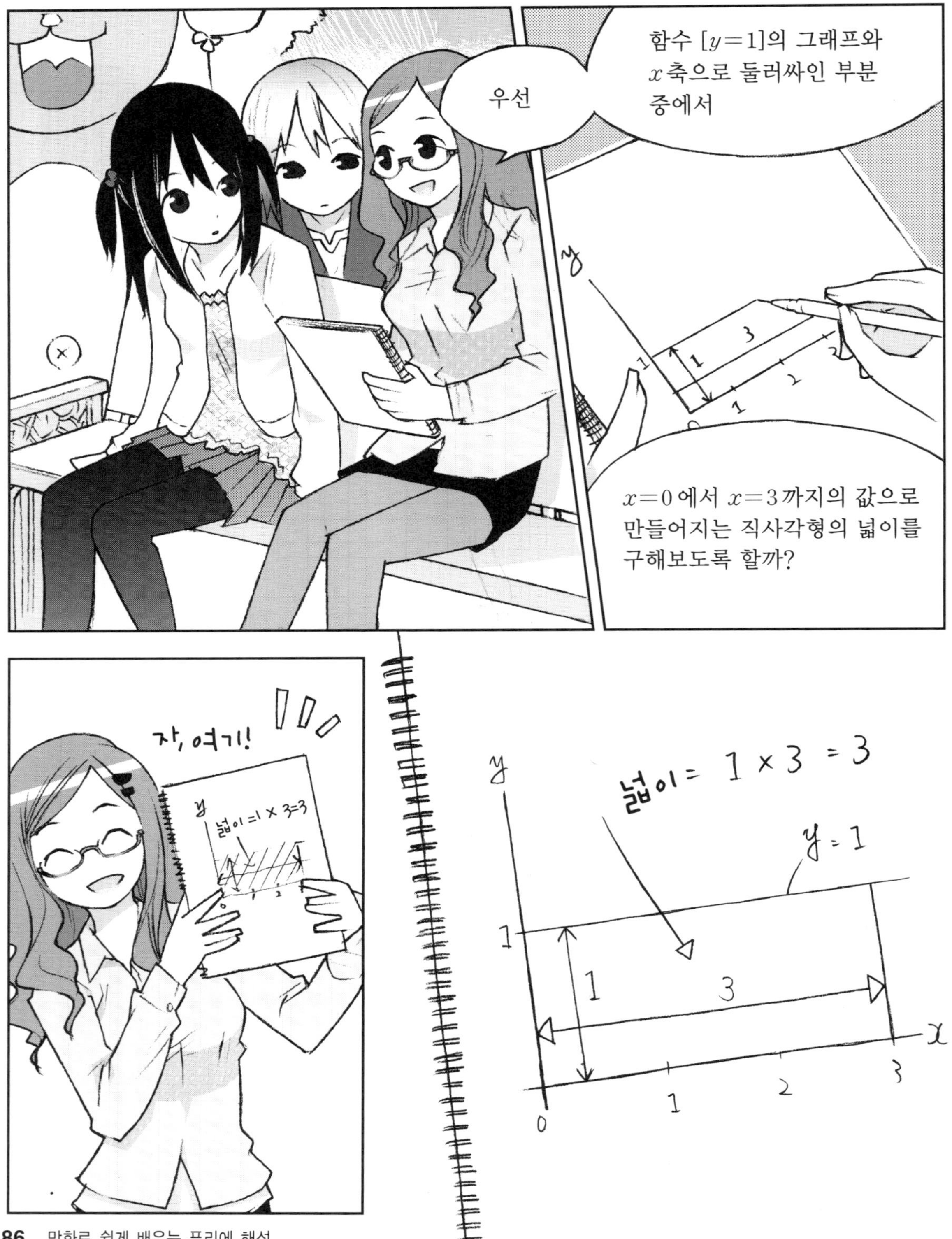

우선 함수 $[y=1]$의 그래프와 x축으로 둘러싸인 부분 중에서

$x=0$에서 $x=3$까지의 값으로 만들어지는 직사각형의 넓이를 구해보도록 할까?

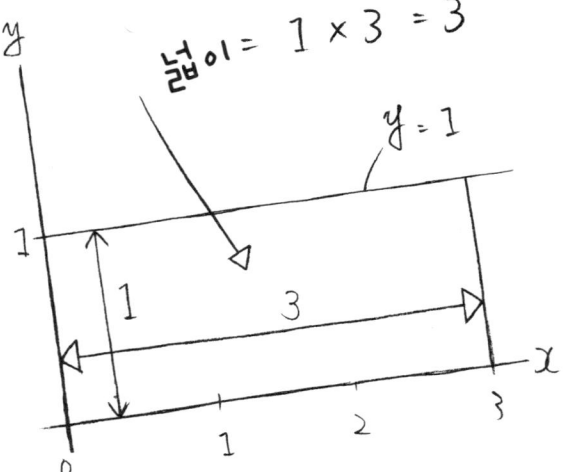

지금했던 계산을

$\int_0^3 1 dx = 3$

적분기호를 사용한 식으로 나타내면 이렇게 돼.

$y=1$인 1의 부분

$\int_0^3 1 dx = 3$ ← { 앞의 그림의 넓이 = 직사각형의 넓이 = 1 × 3 = 3 }

인티그랄 0에서 3까지 1dx는 3과 같다라고 읽는다.
이것으로 적분 표기와 그래프를 통해 구한 값을 관련짓는다

헤에~

즉, $y=1$이란 함수를 $x=0$에서 $x=3$까지 정적분하면

넓이가 3이 된다는 것을 나타내고 있는 거야.

2. 상수식의 적분 ♪

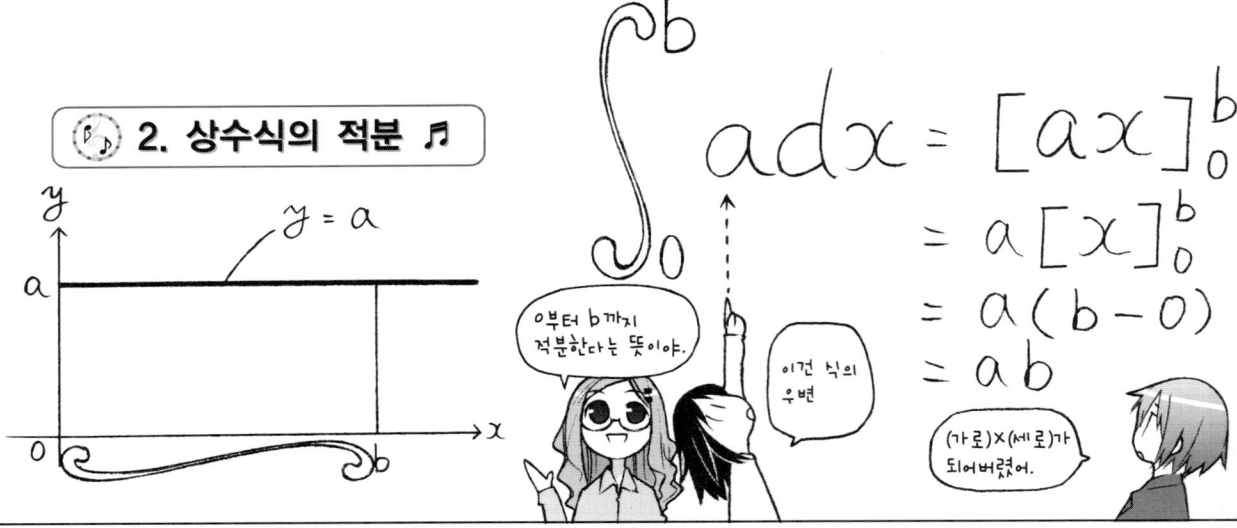

적분에는, 다음에 설명할 미분과 관련된 [부정적분]과 여기에서 설명할 [정적분]이 있어. 정적분은 실제로 적분하는 구간을 정해서 계산하는 방법으로 넓이라는 특정 값(수치로서의 답)을 구하는 거야. 한편, 부정적분은 함수의 결과가 일정 수치로 나오지 않아. 부정적분을 이해하면 정적분도 이해할 수 있어서 학교에서는 부정적분부터 먼저 가르치긴 해.

그러나 정적분은 넓이를 구하는 문제와 밀접하게 관련이 있어서 개념만 이해한다면 부정적분까지 배울 필요는 없거든. 그러니까 얼른 $y=a$라는 함수의 $x=0$에서 $x=b$까지를 정적분해보기로 하자(a, b 모두 상수이다). 넓이가 $a \times b$라는 것은 금방 알 수 있겠지?

직사각형의 넓이를 구하는 것뿐이잖아.

이것을 적분해보면 아래 그림과 같아(그림 3-1).

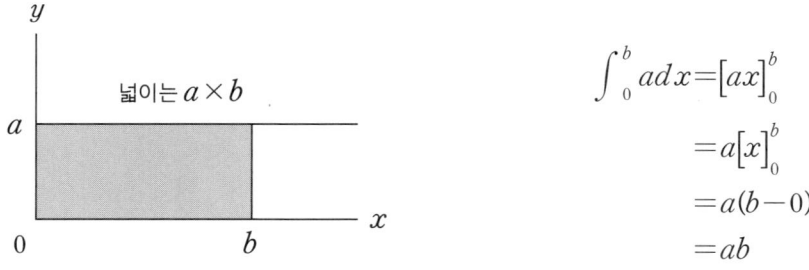

●그림 3-1 $y=a$, $x=b$를 적분공식에 적용시킨다.

그럼 이 식에 대한 구체적인 설명을 해줄게. 식의 처음 부분, 좌변은 [함수 $y=a$를 x에 대해(x의 방향이란 의미) 0에서 b까지 정적분한다]란 뜻을 가져.

S를 위아래로 길게 늘린 듯한 기호는 [인티그랄]이라고 읽고, [이제부터 이하의 식을 적분하겠다]란 의미를 가지지. 이 기호의 아래와 위에 작게 쓴 문자나 숫자(여기에선 0과 b)는 적분할 구간을 나타내는데, 아래에는 구간의 시작, 위에는 구간의 끝을 써줘야 해.

그럼, dx는 뭐야?

d는 [아주 적게]란 의미를 가지니까, dx는 [x의 아주 작은 폭]이라고 생각하면 돼. 적분은 아주 작은 폭들을 겹쳐 쌓아가면서 전체의 넓이를 구하는 것이거든.

흐음….

여기에서 a는 상수이고 x에 의한 적분은 ax가 돼. a의 x방향으로 실행하는 적분이 ax가 되는 이유는 나중에 미분과 관련지어서 설명할게. 여기에서는 우선 직각괄호의 안에 ax를 쓰고(①), 적분구간을 그대로 직각괄호의 오른쪽에 쓰는 거라고만 알고 있어(②). 다음엔, 상수인 a를 괄호에서 밖으로 빼내는 거야. 이것은 변수인 x에 정적분의 구간을 대입할 준비를 하는 거라고 할 수 있어(③). 그리고 나서 x에 적분구간을 대입하는 거지. 종점(적분기호의 윗부분)의 값을 대입하고(④), 시작점(적분기호의 아랫부분)의 값을 대입해서 두 값의 차를 구하면 돼(⑤)(그림 3-2).

$$\int_0^b a\,dx = \left[ax\right]_0^b \quad ※$$
$$= a[x]_0^b$$
$$= a(b-0)$$
$$= ab$$

●그림 3-2 $y=a$, $x=b$의 적분의 계산 순서

꽤 복잡하군….

침착하게 하면 그렇지도 않아♪
덧붙여서 $y=a$는 $y=a \times x^0 = a \times 1$(0이 아닌 수를 0제곱하면 어떤 수라도 1이 된다)이라고 여겨서 이런 식을 [상수식]이라고 불러. 상수식을 적분하면 $y=ax$와 같은 [일차함수]가 되는 것에 주의해야 해!!

※ a의 x에 의한 부정적분은 엄밀하게는 $ax+C$(C는 정수)의 형태이지만 여기에서는 정적분만을 다루므로 C항에 대해서는 생각지 않기로 한다.

3. 일차함수의 적분

또 다른 예제를 풀어볼까? 이번에는 $y=x$라는 일차식으로 나타나는 함수야. 이 식은 원점을 지나는 직선으로 표현되지(그림 3-3).

이 $y=x$가 나타내고 있는 경사진 직선과 x축으로 둘러싸인 범위 중에서 $x=0$에서 $x=1$까지의 구간의 넓이를 구해보자. $x=1$일 때 $y=1$이니까 구하고 싶은 넓이는 간단한 삼각형의 넓이 공식으로도 계산이 가능해. 모두들 삼각형의 넓이를 구하는 공식은 외우고 있겠지?

음… [(밑변)×(높이)÷2]였었지?

정답이야! 계산해 보면…

$$1 \times 1 \div 2 = \frac{1}{2}$$

이 되는 거지. 그럼, x가 2일 때는 어떻게 될까?

$2 \times 2 \div 2 = 2$

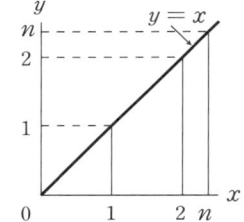

●그림 3-3 $y=x$의 그래프

그거야. $y=x$란 함수가 $x=0$에서 $x=n$까지의 구간과 x축으로 만드는 삼각형의 넓이는 $n \times n \div 2 = n^2 \times \frac{1}{2} = \frac{n^2}{2}$이 된다는 것이지. 즉, $y=x$를 x에 대해 적분하면 $\frac{x^2}{2}$이 된다는 말이야. 정수식을 적분하면 일차함수가 되었듯이, $y=x$와 x축 사이의 넓이를 정적분을 사용해 구하려면 그 결과는 이차함수의 식으로 나타나게 돼.

헤~ 왠지 신기하다….

또, 일반적으로는 여기에서 설명했듯이 [적분=넓이를 구하는 것]이라고 인식되어 지지만 엄밀하게 말하자면 적분의 성질 중의 일부가 넓이를 구하기에 편리하다는 것일

뿐이야. 적분 그 자체는 수학적으로 아주 심오한 개념이긴 하지만 푸리에 변환에 사용되는 것은 아주 극히 일부이기 때문에 이것만 배워둬도 OK!라고 할 수 있지.

> 푸리에 변환을 계산하기 위한 도구로서 적분을 사용하는 거구나….

> 그래, 맞아♪ 그럼, 이 직선과 x축 사이에 끼인 부분 중에서 $x=a$에서 $x=b$까지의 사다리꼴의 넓이를 구하고 싶을 때에는 어떻게 하면 좋을까? 물론 여기에서의 a와 b는 모두 상수여야만 해(그림 3-4).

> 음~…. b까지의 큰 삼각형의 넓이에서 a까지의 작은 삼각형의 넓이를 빼면 될 것 같은데? (그림 3-5)

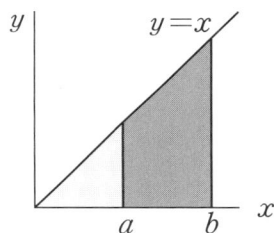

●그림 3-4 $x=a$에서 $x=b$까지의 사다리꼴의 넓이를 구한다.

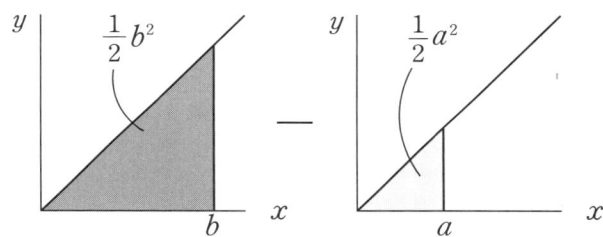

●그림 3-5 b까지의 넓이에서 a까지의 넓이를 뺀다.

> 정답이야♪ b까지의 삼각형의 넓이에서 a까지의 삼각형의 넓이를 빼면 되니까 사다리꼴의 넓이는 $\frac{1}{2}(b^2-a^2)$이 되겠지.

> 과연….

> 이것을 적분으로 써보면, 다음과 같이 돼.

$$\int_a^b x\,dx = \left[\frac{1}{2}x^2\right]_a^b = \frac{1}{2}(b^2-a^2)$$

이 식의 좌변은 $y=x$를 a에서 b까지 x에 대해 정적분한다는 의미를 나타내고 있어. 우변은 계산의 순서를 나타내는 것으로, 직각괄호의 안에 좌변의 적분에 상응하는 $\frac{x^2}{2}$을 쓰고, 괄호의 오른쪽 위아래에 좌변과 같은 값을 적는 거야. $\frac{1}{2}$은 상수이므로 괄호 밖으로 빼내고 마지막으로 구간의 위(b)를 대입한 것에서 구간의 밑(a)을 대입한 것을 빼면 돼. 이것으로 정적분의 계산은 끝이야.

> 이것도 적분의 공식으로 나타낼 수 있구나. 결과도 확실하게 b까지의 삼각형의 넓이에서 a까지의 삼각형을 넓이를 빼는 계산식과 똑같고 말이야.

4. n차 함수의 적분

여기까지 상수함수(x의 0차식)와 일차함수(x의 1차식)에 대해 간단히 살펴봤어. 즉, x가 몇 차식(○○제곱인 수)인지 n으로 표현했을 때, $n=0$과 $n=1$일 경우에 대해서 공부해본 거지. 그럼, $y=x^n$일 때는 어떻게 변할 것인지 추측해볼까?

갑자기 그렇게 어려운 걸 시키면….

약간만 정리하면 돼. 우선, 처음의 식 $y=a(y=a\times x^0)$은 $n=0$이라 할 수 있고, x에 의한 적분의 결과는 $1\times a\times x^1(=ax)$이었어(그림 3-6).

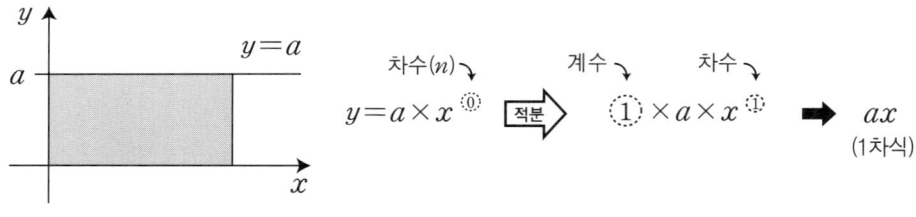

●그림 3-6 $y=a$의 적분

그 다음에 $y=x(=x^1)$의 적분은 그림을 사용한 넓이와의 관계로 알아봤듯이, $\frac{1}{2}\times x^2$이란 결과가 나왔었지(그림 3-7).

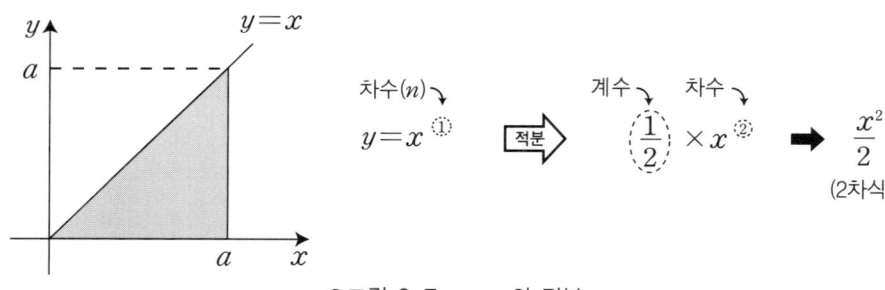

●그림 3-7 $y=x$의 적분

🙂 이것으로 $y=x^n$의 적분의 모양이 어떻게 변할 것인지 추측할 수 있을 것 같지 않아?

🙂 응….

🙂 조금은 억지스러울지는 몰라도 $n=0$일 때에는 x의 앞의 계수가 $1\left(=\frac{1}{1}\right)$, $n=1$일 때에는 $\frac{1}{2}$이 된다는 사실에서 유추해보면, 일반적인 n의 적분시 계수는….

🙂 $\frac{1}{n+1}$이야? (그림 3-8)

$n=0$ 인 경우 $\xrightarrow{x \text{ 앞의 계수는}}$ $1\left(\frac{1}{1}\right)$ $\quad n=1$ 인 경우 $\xrightarrow{x \text{ 앞의 계수는}}$ $\frac{1}{2}$ $\quad$ 이것으로 유추해낸 일반적인 n의 값은… $\frac{1}{n+1}$

●그림 3-8 일반적인 x의 계수를 유추

🙂 맞아! 퀴즈같긴 해도 x의 차수도 역시 마찬가지야. $n=0$일 때 적분에서는 x^1, $n=1$일 때의 적분에서는 x^2이 되니까 일반적인 n의 경우의 지수는 x^{n+1}이 된다는 것을 유추할 수 있어(그림 3-9).

$n=0$ 인 경우 $\xrightarrow{x \text{의 차수는}}$ $x^{①}$ $\quad n=1$ 인 경우 $\xrightarrow{x \text{의 차수는}}$ $x^{②}$ $\quad$ 이것으로 유추해낸 일반적인 n의 값은… x^{n+1}

●그림 3-9 일반적인 x의 지수를 유추

🙂 과연…!

🙂 정리해보면, $y=x^n$인 함수를 적분하면 적분된 함수는

$$y=x^n \quad \xrightarrow{\text{적분}} \quad \frac{1}{n+1}x^{n+1}$$

과 같은 형태가 되겠지. 적은 수의 예를 통해 증명 없이 전체를 추측하는 것은 수학적으로 문제가 있긴 하지만….

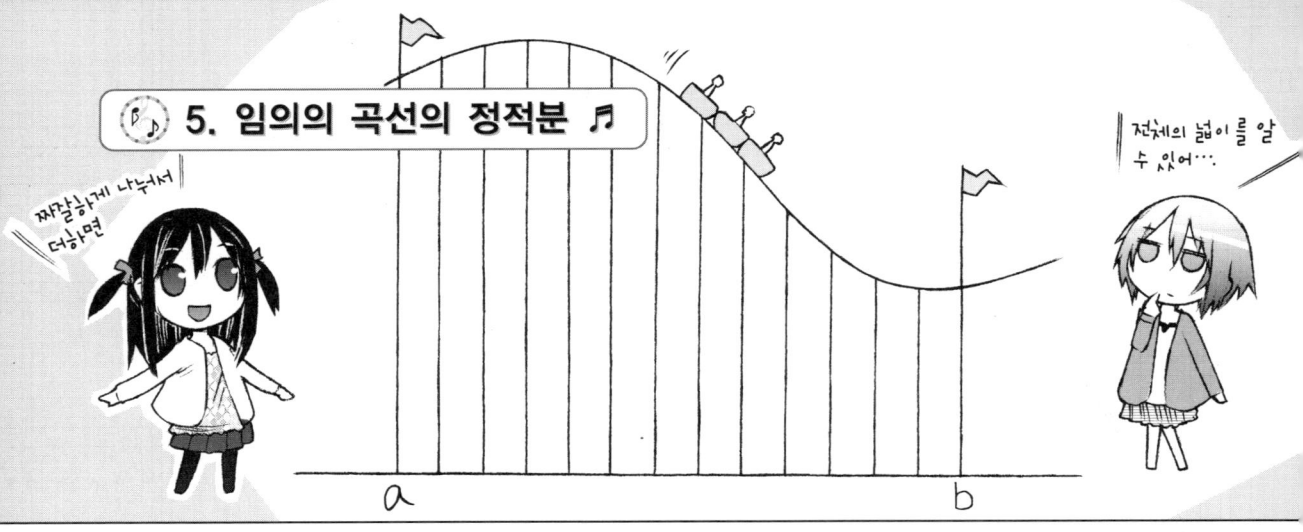

5. 임의의 곡선의 정적분

그럼 제트코스터의 얘기로 돌아가볼까?

맞아. 원래는 그 얘기를 하고 있었지.

예를 들어 기둥과 기둥의 간격을 1m로 놓고 그 장소에서의 높이를 재보면 그 기둥과 기둥 사이에 있는 넓이를 구할 수 있잖아. 이것을 차례로 반복해서 모두 더하면 전체의 대략적인 넓이가 구해지겠지(그림 3-10).

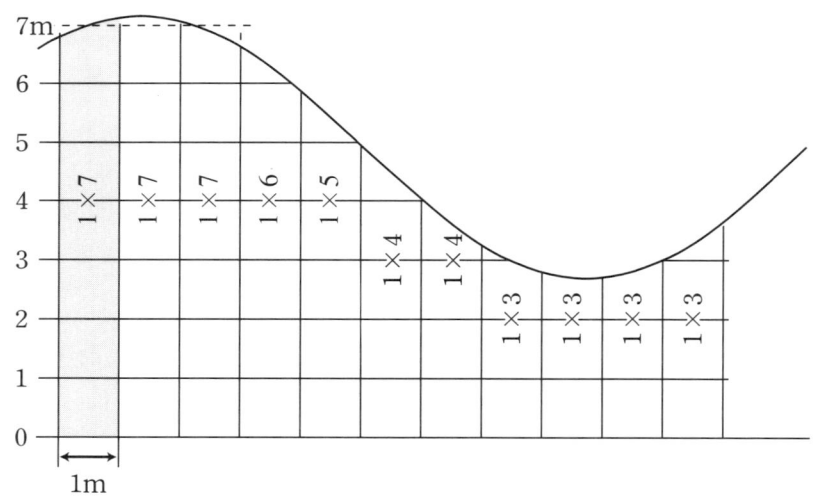

$= 1×7+1×7+1×7+1×6+1×5+1×4+1×4+1×3+1×3+1×3+1×3$

과 같이 나눠서 넓이를 구하여, 합산하면 전체 넓이가 된다.

● 그림 3-10 1m 간격으로 넓이를 구하여 합산한다.

🙂 그러게, 대강 계산해보면 그렇게 될 것 같아.

🙂 이 기둥과 기둥 사이의 간격을 점점 좁힐수록 그만큼 정확한 넓이가 구해지겠지. 이것이 [교과서]적인 정적분의 이미지라고 할 수 있어.

🙂 그럴지도…. 근데 계산이 귀찮을 것 같아….

🙂 그래서 이 방법은 수식(수학적인 관계식)으로 나타낼 수 없을 때에는 컴퓨터 등을 이용해 계산하는 경우가 많아.

🙂 과연 컴퓨터의 시대~!

🙂 무슨 소리야…?

🙂 그러나 구하고 싶은 넓이를 간단한 수식으로 나타낼 수 있을 경우에는, 개념만 이해하고 있다면 컴퓨터를 사용하지 않고도 계산할 수 있어. 간단한 수식의 정적분은 손쉽게 계산 가능하니까 말이야.

6. 접선

🙂 그럼 적분도 대강 공부해봤으니 미분에 대해서도 알아볼까? 사실, 미분은 적분의 역연산에 해당하는 것이야.

😐 역연산?

🙂 역의 연산을 실행하는 거지. 간단한 예를 들어 말하면…
2 에 5 를 곱하면 10 이란 답을 이끌어내는 절차를 [순연산]이라고 한다면
10 을 5 로 나눠서 2 란 답을 이끌어내는 절차가 [역연산]이라고 할 수 있어.

😊 응, 알겠어.

🙂 즉…
A 를 적분해서 B 가 되었을 때,
B 를 미분하면 A 가 되는 관계에 있다는 말이야.
물론 미분을 적분과 관련짓지 않아도, 미분의 이미지를 알 수 있어.
우선은 미분의 기본적인 개념에 해당하는 [함수의 접선]에 대해 설명해 볼게.

😐 … 함수의 접선?

🙂 함수의 그래프 위에 있는 점의 접선이란 것은 그 점에서 접하는 직선을 말하는 거야. 그리고 여기서 꼭 기억해 두어야 할 것은 그 접선의 기울기야. 직선의 기울기란…

　　　(세로의 변화)÷(가로의 변화)

이니까 꼭 외워둬.

🙍 잠깐만. [한 점에서 접하는 직선의 기울기]란 게 뭐야? 점에도 기울기가 있어? 그럼 그게 점이란 거야? 선이란 거야? 어느 쪽이야!!!

🙎 이런, 이런. 진정해! 구체적으로 이미지화하기 쉽게 예를 들어줄게.
어떤 복잡한 곡선과 비슷한 계단을 상상해봐. 한 계단의 모서리를 A라고 하고, 다음 계단의 모서리를 B라고 하면 거기에는 [가로의 변화]와 [세로의 변화]가 모두 있기 때문에 A와 B를 연결한 직선에는 [기울기]가 있다고 할 수 있겠지? (그림 3-11)

●그림 3-11 계단의 기울기

🙎 이 A와 B를 점점 가까이 하면 계단의 폭이 점점 좁아지다가 마지막에는 A와 B가 겹쳐지면서 이 때의 극한이 [접선]이 되어버려. 이 접선에 대한 세로방향의 변화의 크기를 가로 방향의 변화의 크기로 나눈 것이 [접선의 기울기]인 거고.

🙍 이제야 알 것 같아. 점의 성질도 가지고 있고, 선의 성질도 가지고 있구나….

🙎 미분이란 이 [접선의 기울기]를 구하는 것이라고 할 수 있어.

🙍 [미분은 적분의 역연산]이란 말에 대해서도 설명해 줘….

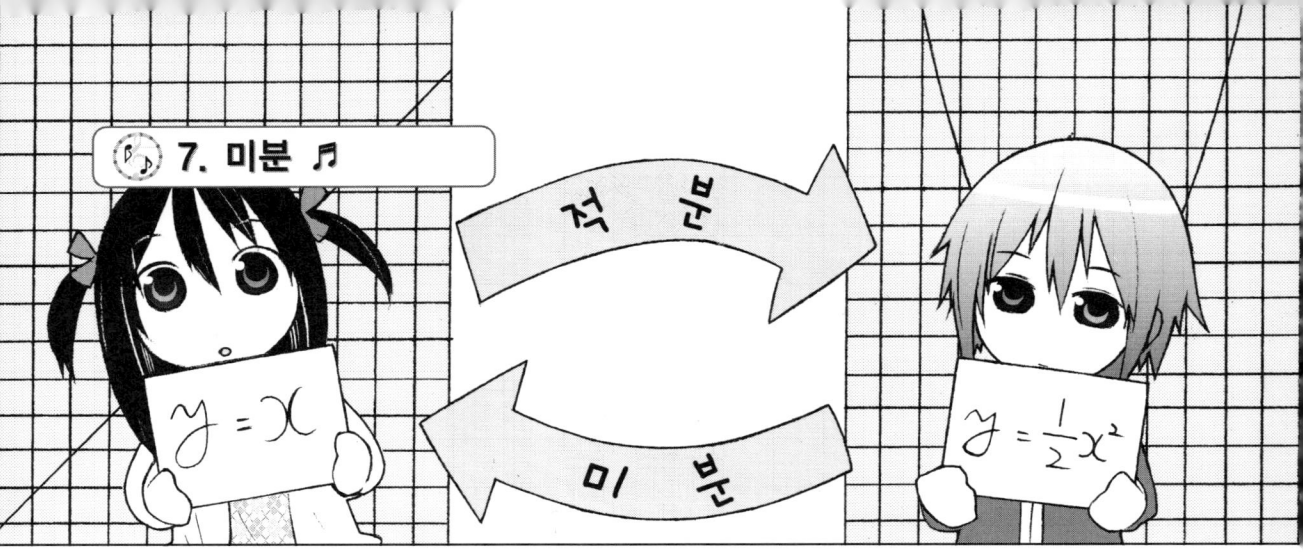

7. 미분

🌀 여기서 너희들이 꼭 기억해 주었으면 하는 것은 직선(일차함수)을 적분하면 이차함수가 된다는 사실이야.

🌀 응. 그게 어쨌는데?

🌀 적분의 역연산이 미분이란 말은 이차함수를 미분하면 일차함수가 된다는 말이 되겠지. 적분을 배울 때 보았듯이 $y=x$를 적분하면 $\frac{1}{2}x^2$이 되었잖아. 이것을 역으로 생각해 보면, $y=\frac{1}{2}x^2$을 미분하면 x가 되겠지.

🌀 오오~.

🌀 적분은

$$y=x^n \quad \xrightarrow{\text{적분}} \quad \frac{1}{n+1}x^{n+1}$$

이란 형태였던 것을 기억하고 있겠지? 이 관계를 역으로 해서 $y=x^2$이나 $y=x^3$의 미분을 구해보면 다음과 같이 되는 거야(그림 3-12).

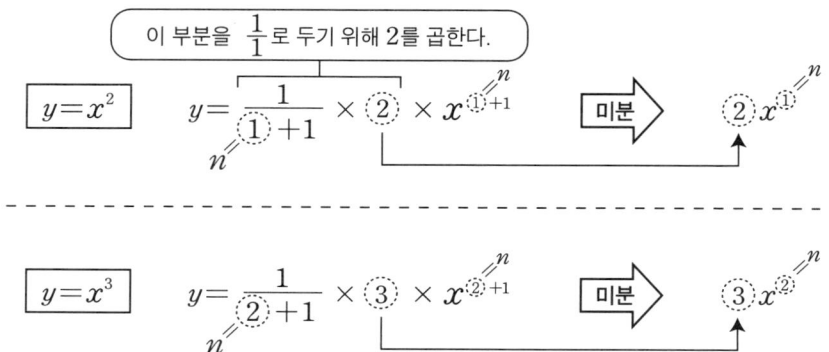

● 그림 3-12 $y=x^2$이나 $y=x^3$의 미분을 적분의 역으로 생각한다.

🙂 적분의 공식을 거꾸로 생각하면 미분을 구할 수 있겠구나~.

🙂 그래. 그렇지만 매번 이렇게 계산하면 힘드니까, 앞의 그림을 이용해서 법칙을 도출해 보자. $y=x^2$의 미분 결과가 $y=2x$, $y=x^3$의 미분 결과가 $y=3x^2$이란 것을 통해 생각해보면 $y=x^n$의 형태의 함수를 미분하면 미분된 함수는

$$y=x^{n+1} \quad \boxed{미분}\!\!\!\Rightarrow \quad (n+1)x^n$$

혹은 n을 $(n-1)$로 치환하여

$$y=x^n \quad \boxed{미분}\!\!\!\Rightarrow \quad nx^{n-1}$$

과 같은 관계를 이루는 거야.

🙂 오오~ 단번에 정리가 됐어.

🙂 이것을 근거로, 이차함수 $y=x^2$의 그래프의 접선에 대해서도 좀 더 생각해보자. $y=x^2$을 미분하면 $2x$가 되는 것은 좀 전에 확인했지. 미분의 결과는 기울기를 구하는 함수이기 때문에, 이 식에 x의 좌표를 대입해서 기울기를 구할 수 있어. $x=1$을 이 식에 대입하면 2가, $x=2$를 대입하면 4가 되는 것에서 각각의 점에 대한 접선의 기울기는 $2, 4$가 된다는 것을 알 수 있을 거야(그림 3-13).

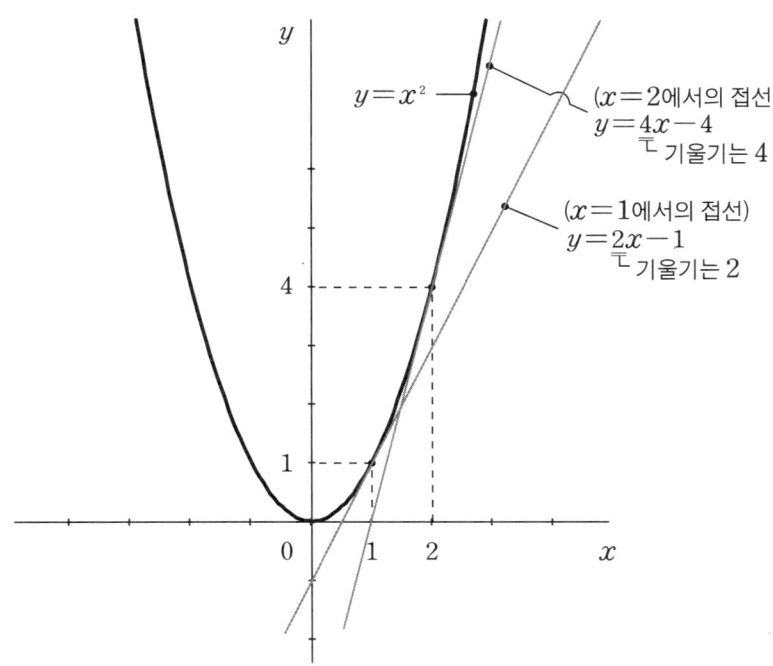

●그림 3-13 곡선 $y=x^2$의 접선의 기울기

🙂 여기에서 그림을 보며 약간의 상상력을 발동시켜보면, 함수 $y=x^2$의 그래프에 대한 접선의 기울기를 구하는 공식은 그 x값의 2배라는 것을 알 수 있을 거야.

🙂 응, 그런 것 같아.

🙂 이것을 접선의 공식으로 써보면…

$$\underset{}{\frac{d}{dx}}\overset{(\text{디} \cdot \text{디엑스} \cdot \text{엑스의 제곱})}{x^2} = 2x$$

혹은

$$(x^2)' = 2x$$

와 같이 되는 거야. 이 결과의 식 $2x$도 x의 함수가 되고 원래의 식의 [도함수]라고 불러.

🙂 $(x^2)'$은 뭐야?

🙂 ( )′도 [미분을 하겠습니다]라는 뜻을 가진 기호야. $y=f(x)$의 미분은 $\frac{d}{dx}f(x)$라고 쓰지만, 간단하게 표기할 때는 ( )′를 사용하는 경우도 있거든. ( )′는 [프라임]이라고 읽지만 […의 미분]이라고 읽기도 해.

🙂 $(x^2)'$이라고 쓰여 있으면 [x^2의 미분]이라는 뜻이란 거지?

🙂 응! 덧붙여서 미분은 대부분의 함수에서 계산이 가능하지만, 적분은 함수를 보고 바로 계산할 수는 없을 거야. 그러나 적분이 미분의 반대의 연산이란 것에서 미분의 결과를 알고 있으면 당연히 적분도 간단하게 구할 수 있어. 어떤 함수를 원래의 함수로 미분한 것이라 생각했을 때, 그 원래의 함수는 [원시함수]라고 불러. 정적분의 계산에서 직각괄호 안에 쓴 함수가 원시함수라고 할 수 있겠지. 그렇게 원시함수를 구하는 것이 바로 부정적분이야.

🙂 [부정적분]은 여기에서 또 나오는구나….

8. 삼각함수의 미분

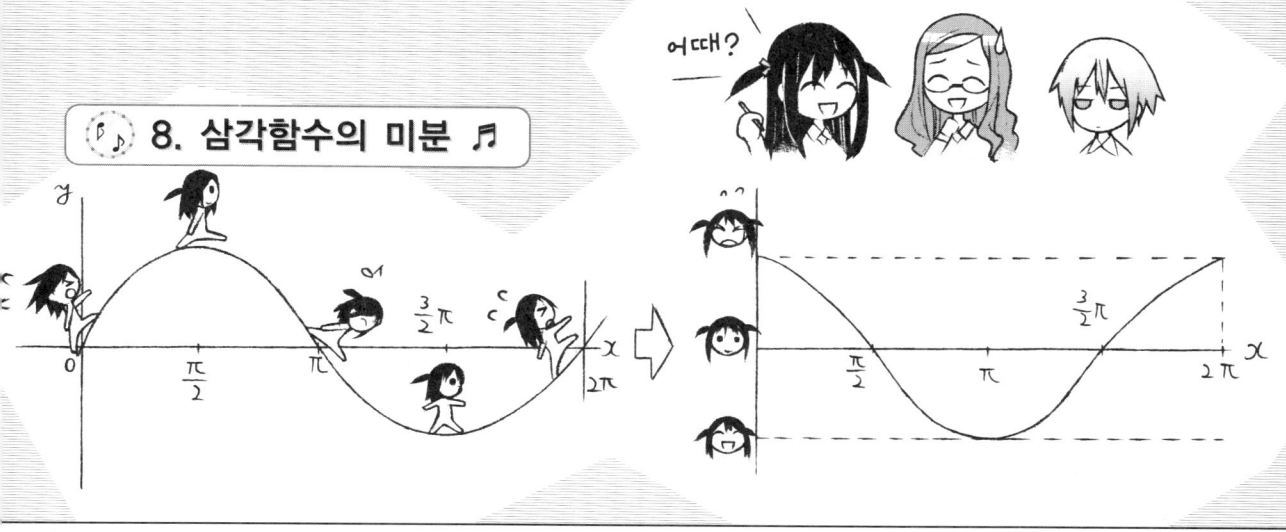

🙂 그럼, 사인함수의 미분에 대해 자세히 살펴보자.

😀 사인함수의 미분은…, 사인함수의 각 점에서의 접선의 기울기를 구하는 거야?

😆 맞아♪ 우선, $y=\sin x$란 함수에 대해서 생각해보자.
$x=0$에서의 접선의 기울기는 $+1$이야. x의 값이 증가할수록 기울기, 즉 미분의 값은 서서히 감소하고 있어(그림 3-14).

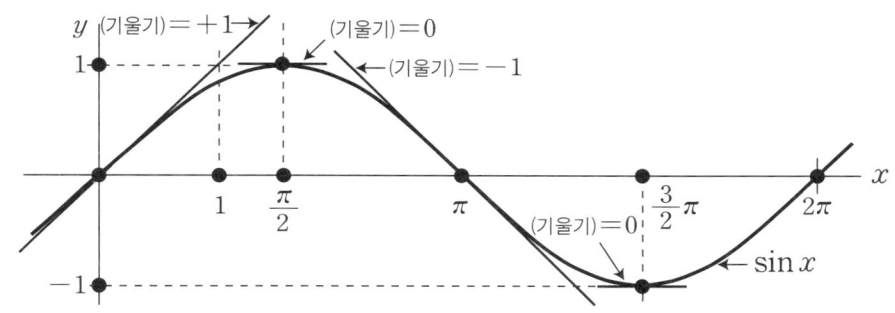

● 그림 3-14 곡선 $y=\sin x$의 각 점에서의 접선의 기울기

🙂 $x=\dfrac{\pi}{2}$가 되는 곳에서 접선의 기울기는 0이 되고, x의 값이 그 이상으로 증가하면 이번에는 기울기가 오른쪽 밑으로 내려가면서 음의 방향으로 서서히 커지지(기울기가 음수로 증가하기 때문에 실수 값은 작아진다고 할 수 있다). 그리고 $x=\pi$ 지점에서 최대 기울기(-1)가 되었다가, $x=\dfrac{3\pi}{2}$ 지점에서 다시 0이 돼. 또 다시 기울기는 양수로 바뀌어서 $x=2\pi$ 지점에서는 $+1$이 되지. 이런 상태가 반복되는 거야. 이 기울기의 변화를 그래프화하면 다음과 같아(그림 3-15).

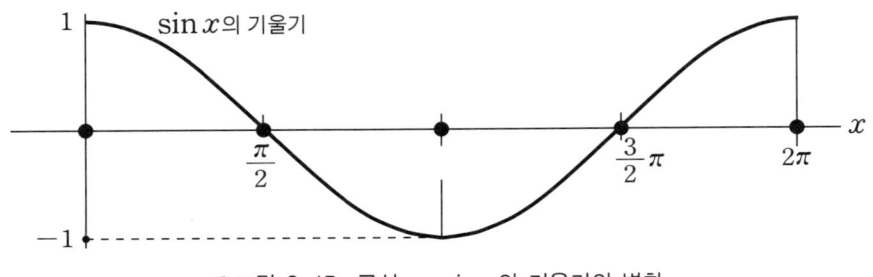

●그림 3-15 곡선 $y=\sin x$의 기울기의 변화

🙂 이것도 [파형]이 되어버리네~.

😊 요전에도 관람차를 예로 들어 얘기했었지만, 아까 진짜 관람차를 탔을 때를 다시 한번 생각해봐.

😄 제트코스터를 타기 전에 탔었지~?

🙂 응….

😊 [기울기의 변화]는 아까 본 것 같이 일정하지 않아. 관람차의 곤도라를 가로축의 높이에서 보면 처음에는 점점 높아지다가 정상에 가까워질수록, 잠시 정상에 멈춰있는 듯 높이에 거의 변화가 없어. 그러다 점점 높이가 낮아지면서 가로축과 같은 높이가 되었을 때 하강하는 속도가 제일 빨라졌다가, 제일 밑으로 내려갔을 때는 다시 높이의 변화가 적어지지(그림 3-16).

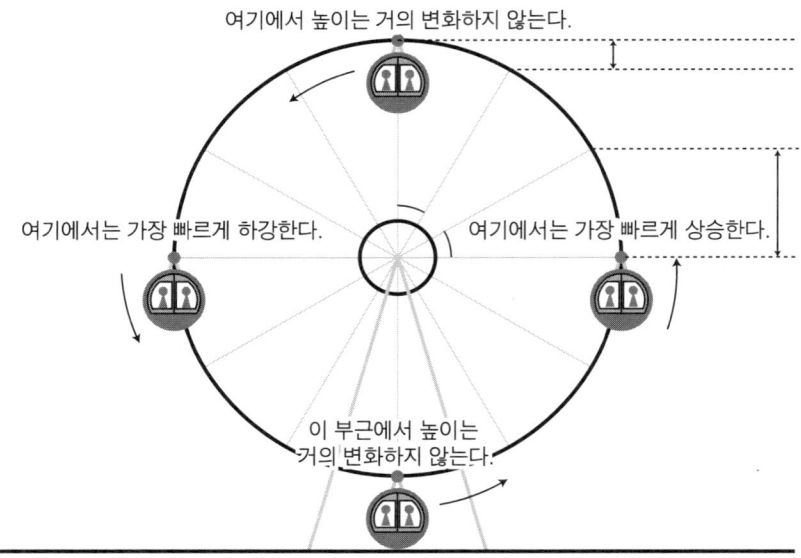

●그림 3-16 관람차에서의 높이 변화

🙂 아~ 확실히, 밑에서 곤도라에 탔을 때에나 정상에 가까워졌을 때에는 천천히 움직이는 것 같이 느껴졌었는데, 올라갈 때와 내려갈 때에는 슉-하고 경치가 바뀌더라고~.

😊 생각났어? 곤도라는 일정한 속도로 회전하지만 높이의 변화란 관점에서 보면, 제일 아래와 제일 위에서는 높이의 변화가 거의 없고 중간정도에서는 높이의 변화의 속도가 크다는 것을 알 수 있을 거야. 이 속도의 변화를 그래프화시켜보면 사인함수가 된다는 것은 이제 쉽게 유추해낼 수 있겠지? (그림 3-17)

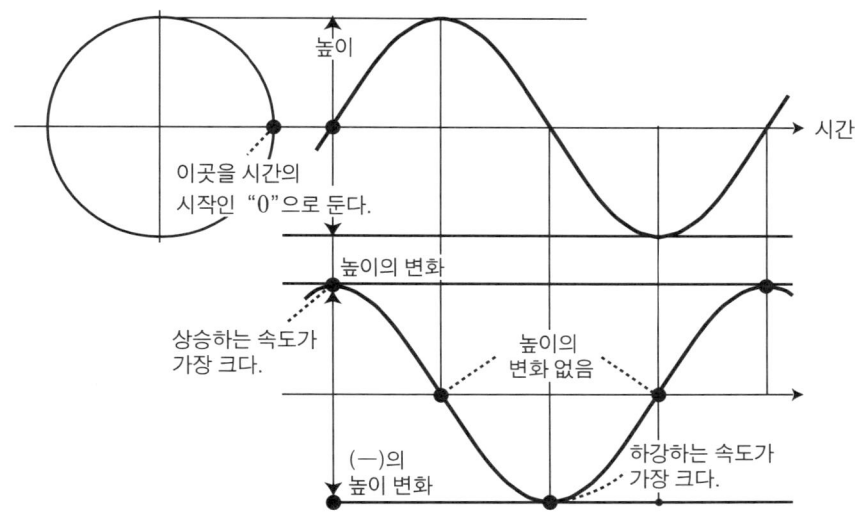

● 그림 3-17 [곤도라의 높이]와 [높이의 변화]를 그래프화하였다.

😊 이 [높이의 변화]가 원래의 사인함수를 미분한 함수인 [도함수]가 되는데, 이 그래프의 모양은 어디선가 많이 본 것 같지 않아?

🙂 … 코사인함수다!

😊 맞았어! 사인함수(정현함수)를 미분하면 코사인함수(여현함수)가 되거든! 이것을 식으로 쓰면…

$(\sin x)' = \cos x$

라고 정리할 수 있어. 다시 말해서, cos의 원시함수는 sin인 거야.

🙂 헤에~!

😊 여기까지 수식을 쓰지 않고 그래프를 보면서 감각적으로 설명을 했지만 이제부터는 조금 수학적으로 그림도 사용하면서 공부한 것을 확인해보도록 하자.

🙂 수학적으로라니…?

걱정할 것 없어. 지금까지 배운 것들을 토대로 열심히 하면 되니까! 우선, 단위원을 4분의 1만 사용할 거야. x축에서 θ(라디안)의 위치에 있는 한 점 A의 높이 $[y]$는 전에 삼각함수를 공부했을 때 얘기했던 것 같이

$$y = \sin\theta$$

야. 이 때의 θ가 조금($d\theta$) 증가해 점 B까지 이동했다고 하면 높이의 변화량은 삼각함수의 정리를 이용해서 다음 그림과 같이 생각해 볼 수가 있어(그림 3-18).

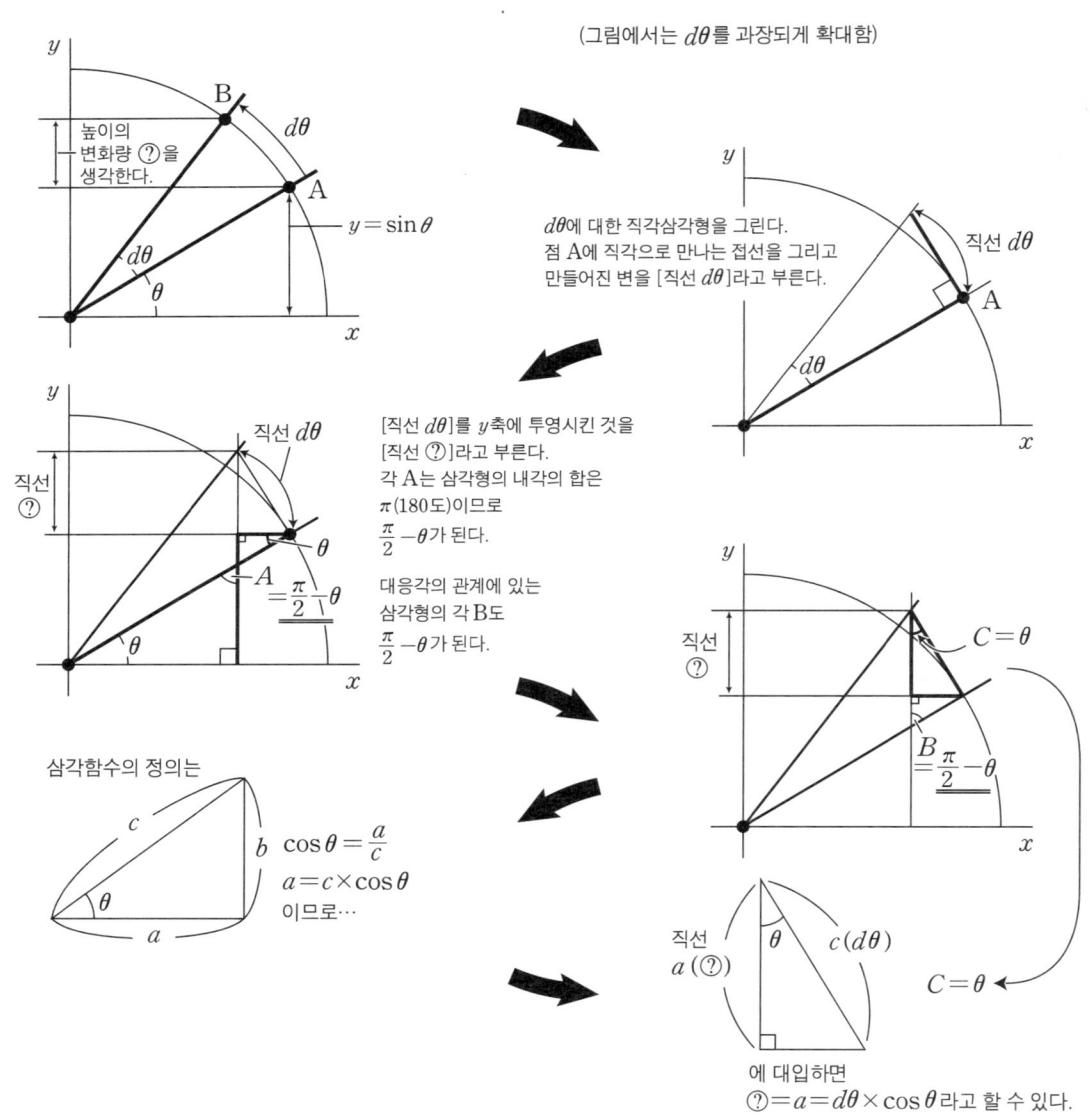

●그림 3-18 높이 $[y]$의 변화를 구한다.

🙂 이처럼 높이의 변화량은

$$d\theta \times \cos\theta$$

가 되는 거야.
여기에서 [직선 $d\theta$]나 [직선 ⑦]와 같이 애매한 표현을 사용해도 문제가 되지 않는 것은 미세한 변화량인 것을 감안하면 그 극한값에서는 정확한 값을 갖기 때문이야. 이처럼 높이 [y]에 대한 변화는 그 점의 각도 θ의 cos함수가 된다는 것을 알 수 있어.

🙂 높이 y는 sin 함수였지만 변화량을 보면…, 즉 미분하면 $d\theta \times \cos\theta$란 cos 함수가 되는 거네~.

🙂 미미한 y의 변화, 즉 $\sin\theta$의 변화를 $d(\sin\theta)$라고 하면

$$d(\sin\theta) = d\theta \cos\theta$$

가 돼. θ의 미세한 변화 $d\theta$로 양변을 나누면 (수학적 증명은 생략한다)

$$\frac{d(\sin\theta)}{d\theta} = \cos\theta$$

가 되어, $\sin\theta$의 각 점에서의 함수가 $\cos\theta$가 되는 것을 알 수 있어.
그럼, cos 함수의 도함수는 어떤 것인지 알아보자.
$y = \cos x$는 $x = 0$일 때 기울기가 0이고, 점점 음수로 기울기가 커져 $x = \frac{\pi}{2}$일 때 최대(-1) 기울기가 되고, $x = \pi$일 때 기울기는 또 0이 되고… 그 뒤는 같은 형태로 기울기가 양수가 되어가는 것을 알 수 있어. 이 형태는 $y = \sin x$를 x축을 기준으로 뒤집어 놓은 것 같은 모양을 하고 있어(그림 3-19).

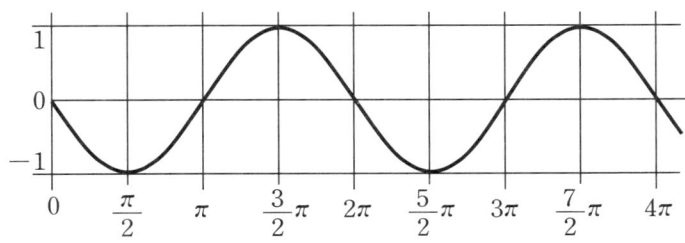

●그림 3-19 코사인함수의 도함수

🙂 즉, $y = \cos x$의 도함수는 $-\sin x$란 것이지. 이것도 아까의 그림에서 생각해보면 정확하게 x와 y를 바꿔서 대입한 상태이기 때문에 sin과 cos을 바꿔 넣은 것 같이 되는 거야. 하지만 θ가 증가함에 따라 x는 감소하기 때문에 마이너스 부호가 붙어야 해 (그림 3-20).

제 3 장 적분과 미분 **107**

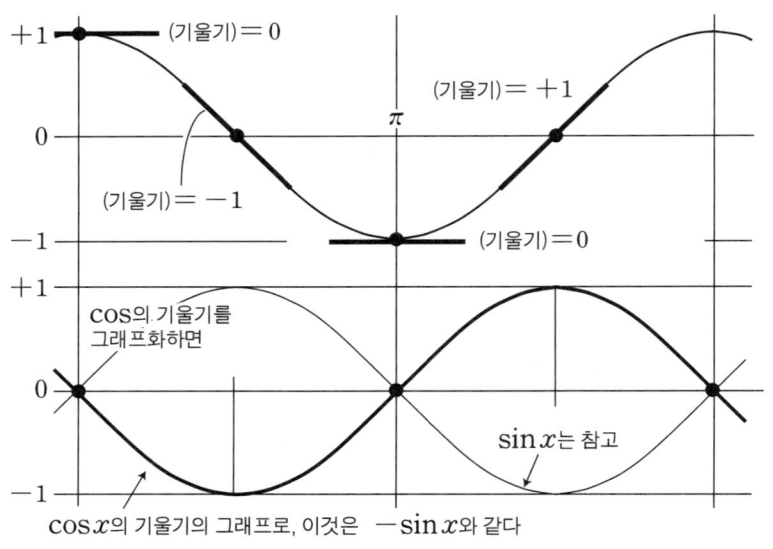

●그림 3-20 $y=\cos x$의 도함수를 생각하는 방식

> 과연~ sin과 cos은 왠지 사이가 좋네~.

> 우리들도 사이가 좋잖아~ ♪
> 근데, 이 관계를 공식으로 만들면…
> $$(\cos x)' = -\sin x$$
> 가 돼. 또, 이 식의 양변에 마이너스를 붙이면…
> $$(-\cos x)' = \sin x$$
> 가 되기 때문에, 사인함수의 원시함수, 즉 적분한 함수는 마이너스 코사인이 되는 거야.

> 으… 헷갈려~!!

> 조금 복잡한 것 같으니, 삼각함수의 미분과 적분의 관계를 정리해보자….
> $(\sin x)' = \cos x$ … $\sin x$를 미분하면 $\cos x$가 된다.
> $(\cos x)' = -\sin x$ … $\cos x$를 미분하면 $-\sin x$가 된다.
> $\int \sin x\, dx = -\cos x$ … $\sin x$를 적분하면 $-\cos x$가 된다.
> $\int \cos x\, dx = \sin x$ … $\cos x$를 적분하면 $\sin x$가 된다.
>
> 어때? 그림과 함께 보면 이해가 더 잘 될꺼야.

> 오~ 이거라면 완벽해! 그림하고 같이 외우면 잘 외워질 것 같아!

9. 삼각함수의 정적분

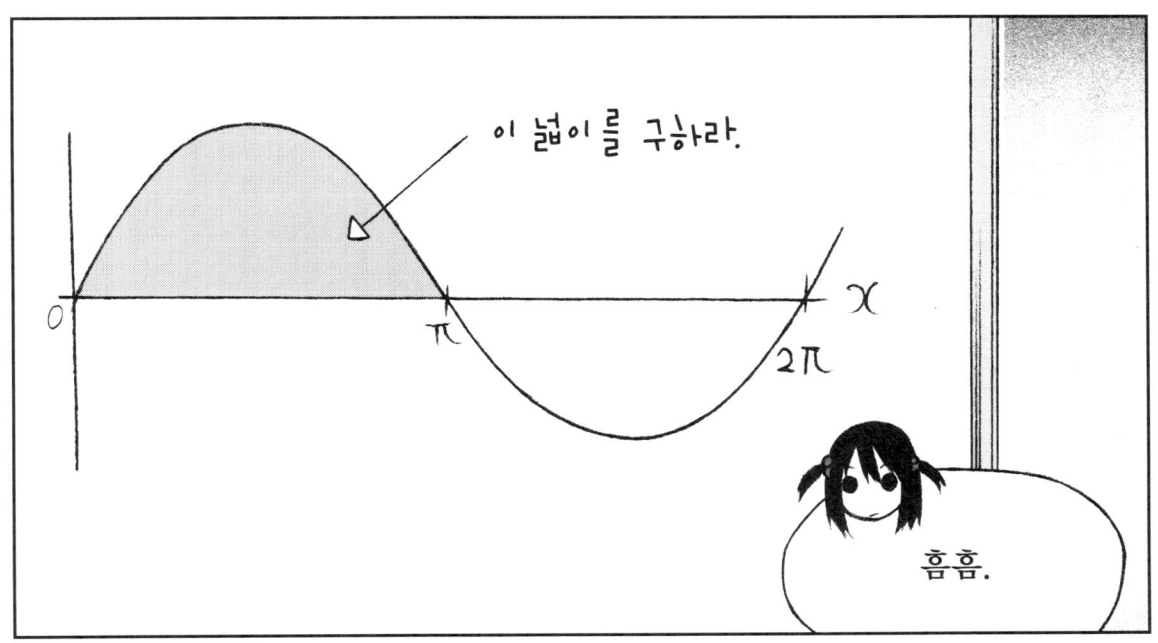

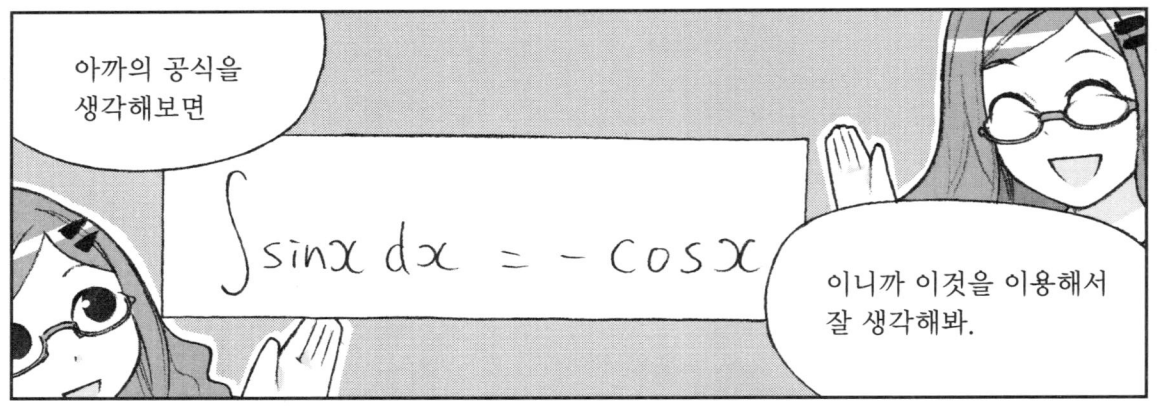

너무 빨라!!

…0

정답!

어떻게 한 거야!?

그냥…

그냥이 아니잖아!!

후후, 적절한 [감]이었어!!

그림을 봐도 알 수 있듯이 후반의 반(半)주기는 함수의 값이 음수여서

넓이는 같아도 정적분의 값은 음수가 되어버리거든

제 3 장 적분과 미분

제 4 장
함수의 사칙연산

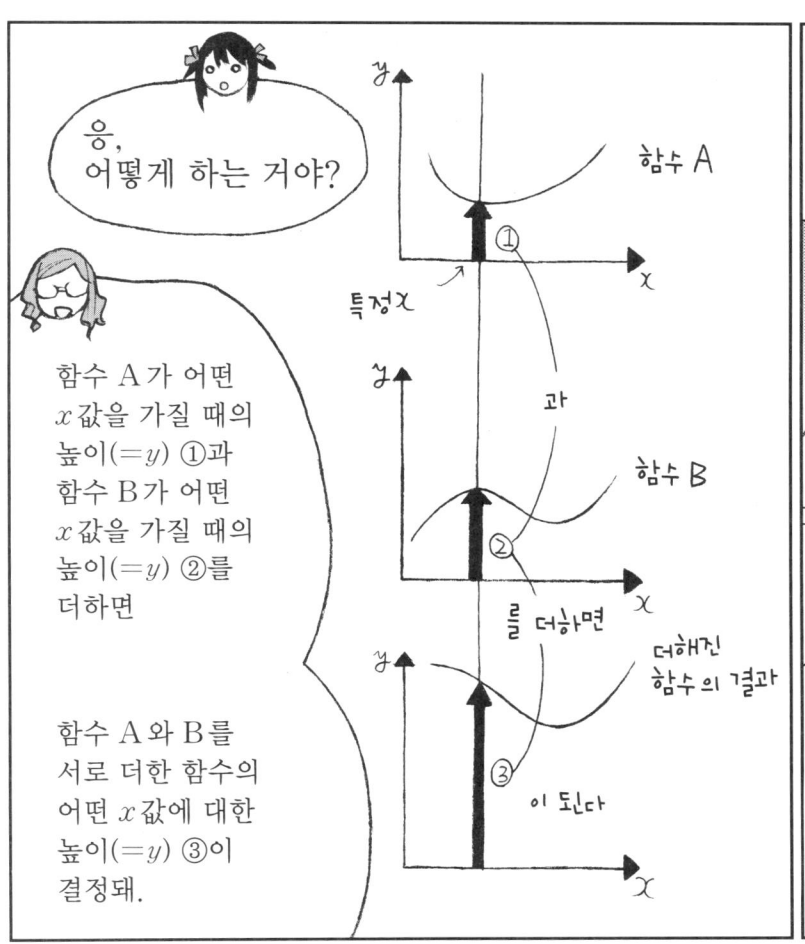

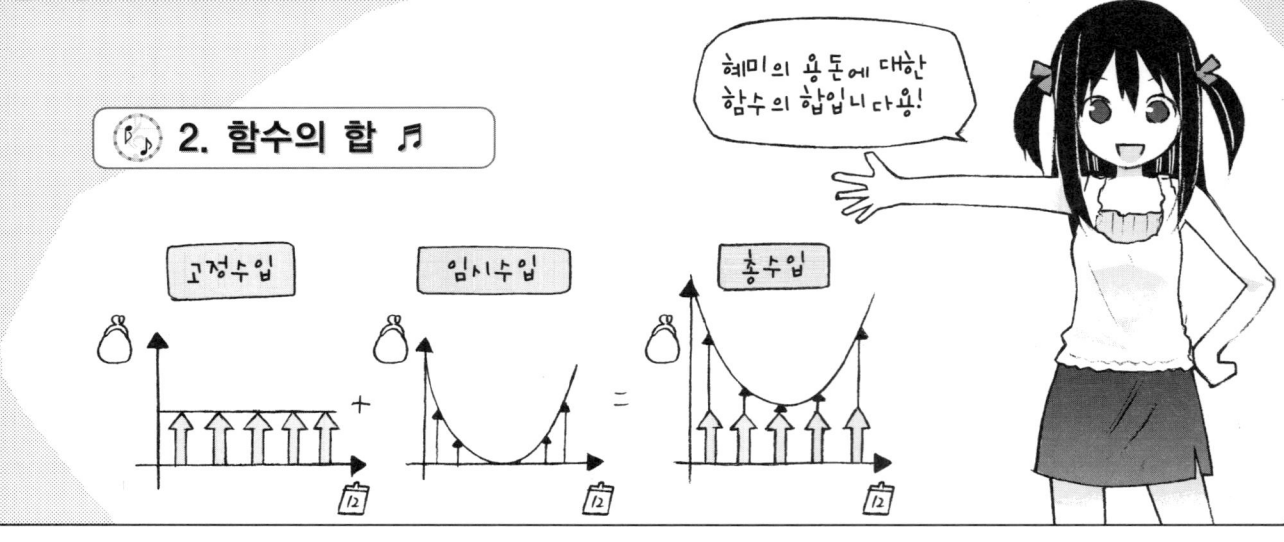

2. 함수의 합

🙂 그럼, 우선은 먼저 예로 들었던 함수의 합을 함수를 써서 풀어보자.

😀 넷!

🙂 여기에서는 $y=x^2$과 $y=x$라는 2개의 함수를 가지고 생각해보자. 모든 x의 값에 대한 y의 값을 구하는 것은 불가능하니까 몇 개의 값만 계산해볼 거야.

😀 응, 응!

🙂 우선은 결과를 그린 그림을 봐줘. 여기에서는 결과로 나타나는 함수를 가장 위에, 가운데에는 $y=x^2$을, 가장 밑에는 $y=x$의 순서로 배치했으니 주의해서 봐줘(그림 4-1).

🙂 계산의 순서를 따라가며 확인해볼까? 우선 $x=1$인 점에 대해 생각해보면, $y=x^2$에 $x=1$을 대입하면 $y=1$이 되겠지(①). 또 $y=x$에도 똑같이 $x=1$을 대입하면 $y=1$이 돼(②). 따라서 두 값을 더하면 $1+1=2$가 되어 더한 함수의 값은 2(③)가 돼.

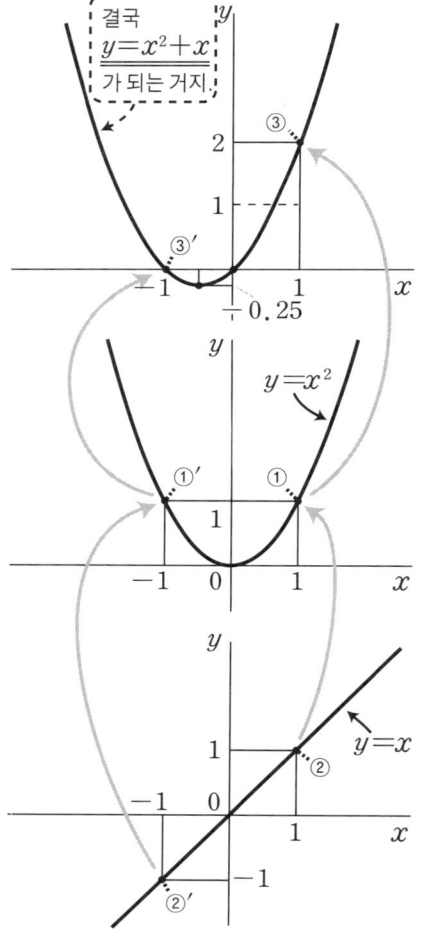

●그림 4-1 $y=x^2$과 $y=x$의 합

그대로잖아….

간단하지? 다음으로 $x=0$일 때의 값을 구해보면, 어느 쪽이나 모두 0을 값으로 갖기 때문에 두 값을 더한 결과도 0이 돼.
하나만 더 계산해볼까? $x=-1$일 때의 y값을 구해보자. $y=x^2$에 $x=-1$을 대입하면 $y=1$이 되겠지(①′). 또 $y=x$에도 똑같이 $x=-1$을 대입하면 $y=-1$이 돼(②′). 따라서 두 값을 더하면 $1+(-1)=0$이 되어 더한 함수의 값은 0이 되는 거야(③′).

이렇게 x를 대입해 계산해 가면 $y=x^2$에 $y=x$를 더한 그래프가 그려지겠구나.

그거야. 함수의 덧셈의 경우에는 처음부터 그냥 함수를 더해버려도 돼. 즉, $y=x^2$과 $y=x$를 더해서
$$y=x^2+x$$
로 만들어도 된다는 말이지.

제 4 장 함수의 사칙연산

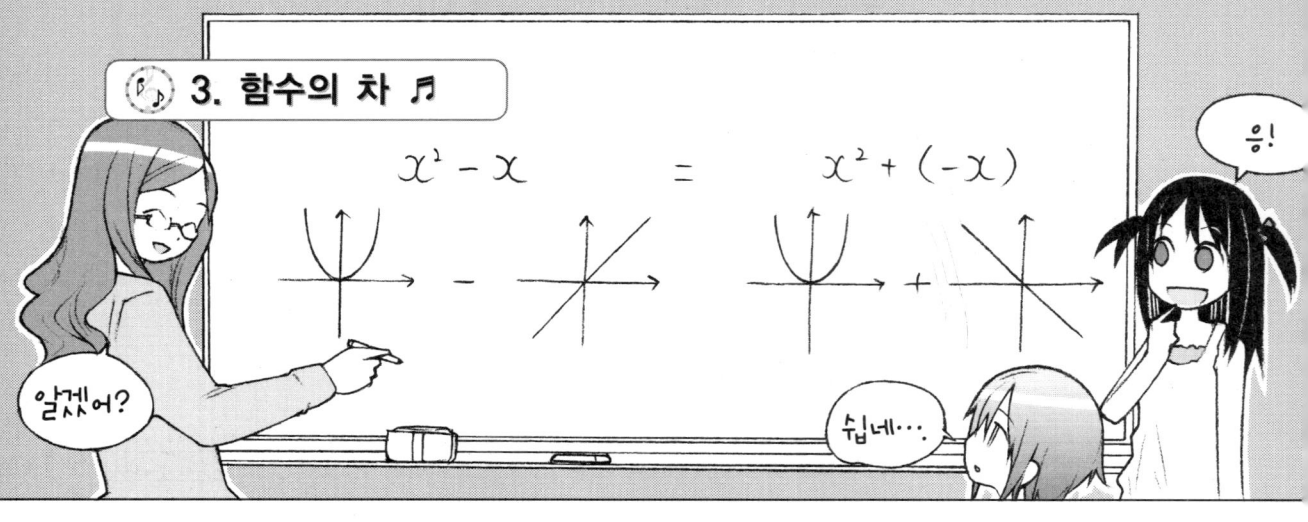

3. 함수의 차 ♩

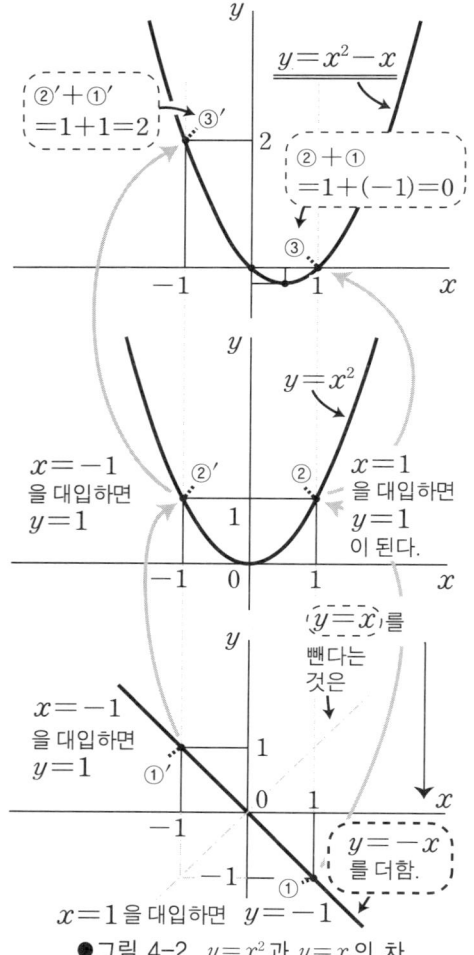

🙂 이번엔 아까와 같은 2개의 함수 $y=x^2$과 $y=x$를 이용해서, 함수의 차를 구해보자. 다시 말해서 $y=x^2$에서 $y=x$를 뺀 함수를 구하는 것이지.

😐 덧셈하곤 다르게 어려울 것 같아.

🙂 그래? 그럼 아예 덧셈으로 만들어 버릴까?

😮 응!? 그게 무슨 말이야?

🙂 뺄셈이란 [빼는 쪽의 함수의 부호를 정반대로 해서 더하는 것]이라고도 할 수 있잖아. $1-1$도 $1+(-1)$의 결과는 모두 똑같이 [0]이야. 함수의 경우에도 이치는 똑같아. 단, 빼는 쪽의 부호가 반대가 된다는 것만은 꼭 주의하도록 해!

🙂 알겠어~.

🙂 여기에서도 우선 그림부터 보자.

🙂 $y=x$를 $y=-x$로 바꿔서, 그걸 $y=x^2$에 더하면 되지?

●그림 4-2 $y=x^2$과 $y=x$의 차

128 만화로 쉽게 배우는 푸리에 해석

그거야♪ 아까와 같이 x에 몇 개의 값을 대입해볼게.

우선은 $x=1$의 점을 봐봐. $y=-x$에도 똑같이 $x=1$을 대입하면 $y=-1$이 돼(①). 또 $y=x^2$에 $x=1$을 대입하면 $y=1$이 되지(②). 따라서 이 둘을 더하면 $1+(-1)=0$이 되어 더한 함수의 값은 0이 돼(③).

과연….

다음으로 $x=0$인 점의 값도 더해볼까? 어느 쪽의 함수의 값도 0이기 때문에 물론 두 값을 더한 값도 0이 되겠지.

한번 더 $x=-1$의 점도 계산해보자. $y=-x$에 $x=-1$을 대입하면 $y=+1$이 돼(①′). 또 $y=x^2$에 $x=-1$을 대입하면 $y=1$이 되지(②′). 따라서 이 둘을 더하면 $1+1=2$가 되어 더한 함수의 값은 2가 되는 거야(③′).

덧셈하고 똑같네….

그렇게 생각하면 어려울 것도 없다구♪ 이 함수의 뺄셈은 $y=x^2$에 $y=-x$를 더한다고 생각할 수 있으므로

$y=x^2+(-x)$, 즉

$y=x^2-x$

라고 할 수 있어.

4. 함수의 곱

다음은 함수끼리의 곱이야. 함수의 덧셈이 [어떤 x에서의 각각의 값을 더하면 된다]였던 것처럼, 함수의 곱은 각각의 함수의 같은 x에서의 값을 곱하면 돼.

방식은 똑같구나~.

우선은 간단한 함수로 예를 들어볼게. $y=x^2-2$란 함수와 $y=x$라는 함수를 곱한 경우엔 이렇게 돼(그림 4-3).

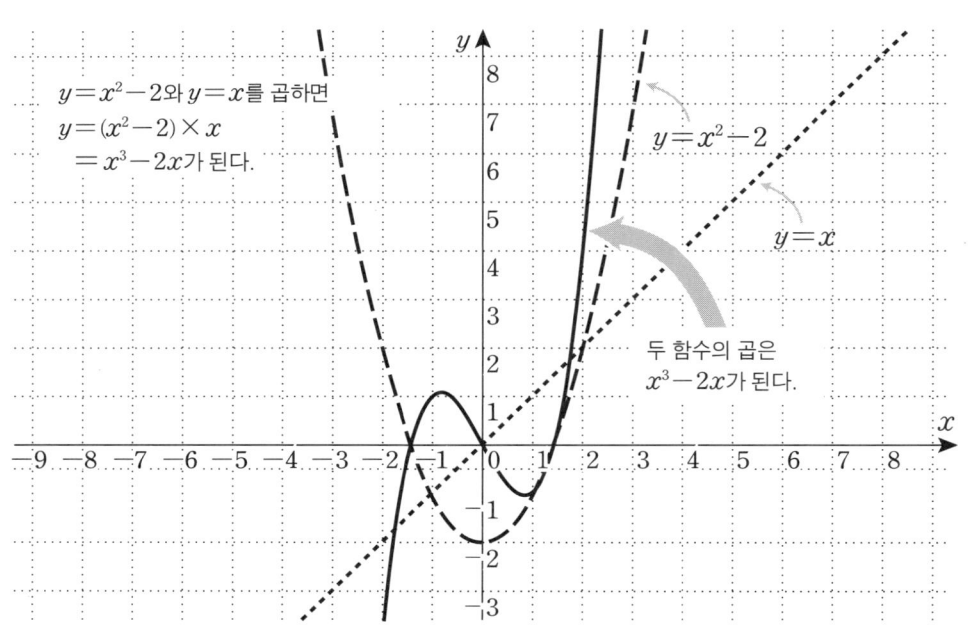

$y=x^2-2$와 $y=x$를 곱하면
$y=(x^2-2) \times x$
$\quad =x^3-2x$가 된다.

두 함수의 곱은
x^3-2x가 된다.

● 그림 4-3 $y=x^2-2$와 $y=x$의 곱

🙂 이상한 모양의 그래프가 되어버렸네~.

🙂 이렇게 간단한 함수의 경우, 곱셈의 결과는
$y=(x^2-2)\times x$, 즉
$y=x^3-2x$
라는 함수가 되는 거야.

🙂 간단한 함수가 아닌 경우에는…?

🙂 삼각함수 간의 곱셈은 조금 복잡해 보이긴 해. 구체적인 예제를 통해 살펴보도록 할까? $y=\sin x$와 똑같은 $y=\sin x$를 곱하면 결과는 이렇게 돼(그림 4-4).

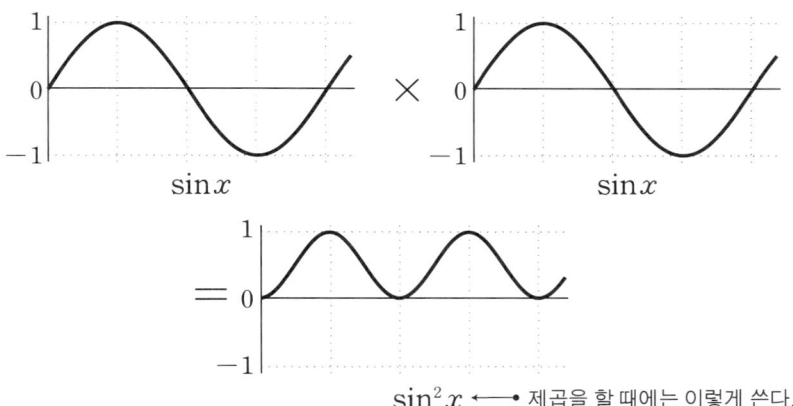

●그림 4-4 $y=\sin x$와 $y=\sin x$의 곱

🙂 $y=\sin x$와 $y=\sin x$를 곱한다는 것은 $y=\sin x \times \sin x$ 즉, $\sin x$를 제곱하는 것으로
$y=(\sin x)^2$, 이것을
$y=\sin^2 x$
라고 쓴다는 것도 알아둬.

🙂 그래프 뒷부분의 옴폭 들어간 곳이 다시 볼록 나왔네?

🙂 어휘가 부족하군….

🙂 어째서 그렇게 되었다고 생각해?

🙂 마이너스끼리 곱하면….

😀 플러스가 되니까!!

😊 맞아! 음수끼리 곱하면 양수가 돼.
이 함수의 곱셈의 형태를 자세히 살펴보면 [주기], 즉 마루와 골의 세트의 수가 2배가 되고, [진폭], 즉 마루와 골의 고저의 차는 반, 높이는 $y=\frac{1}{2}$이 올라갔지.

😀 헤에~.

😊 그럼 또 하나, 삼각함수의 곱 $y=\sin x$와 $y=\cos x$의 곱셈을 그래프로 그려보자(그림 4-5).

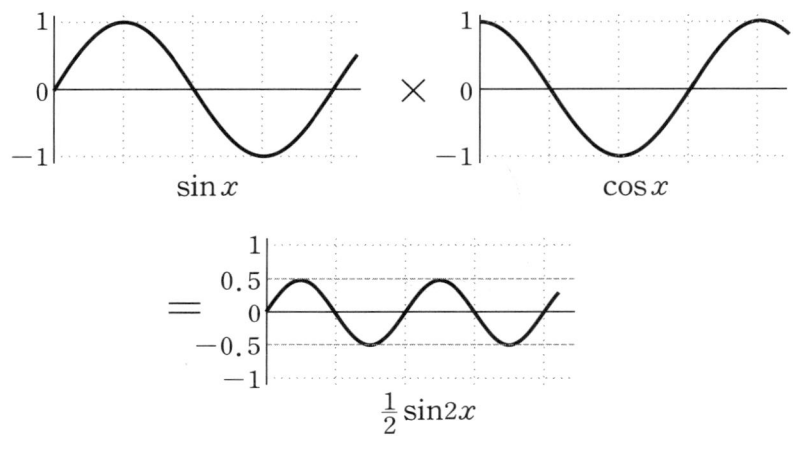

● 그림 4-5 $y=\sin x$와 $y=\cos x$의 곱

😀 에…. $y=\sin x$와 $y=\cos x$를 곱하면 $y=\frac{1}{2}\sin 2x$의 모양이 되는구나~….

😊 이 함수의 곱셈의 모양을 보면, 주기는 원함수의 2배로, 진폭은 반, 높이방향에는 이동이 없이 전체의 진폭의 중심선은 0이 되는 것을 알 수 있어. 거꾸로 해석해보면, 만들어진 그래프가 $y=\sin x$의 주기의 2배였기 때문에, x의 앞에 2를 넣고 진폭은 반이었기 때문에 sin의 앞에 $\frac{1}{2}$을 써서 $\frac{1}{2}\sin 2x$가 되는 거지.

😀 헤에~.

😊 식의 중간에 sin의 앞이나 뒤에 붙는 숫자에는 그래프로 그렸을 때에 어떤 의미를 가지게 될까? 그것을 정리해 보면…(그림 4-6).

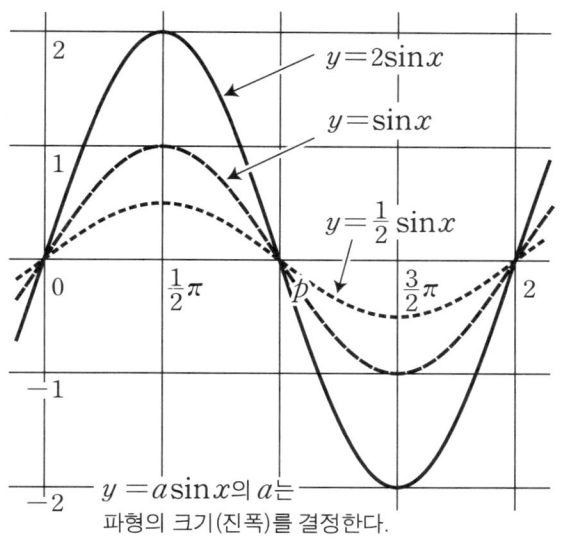

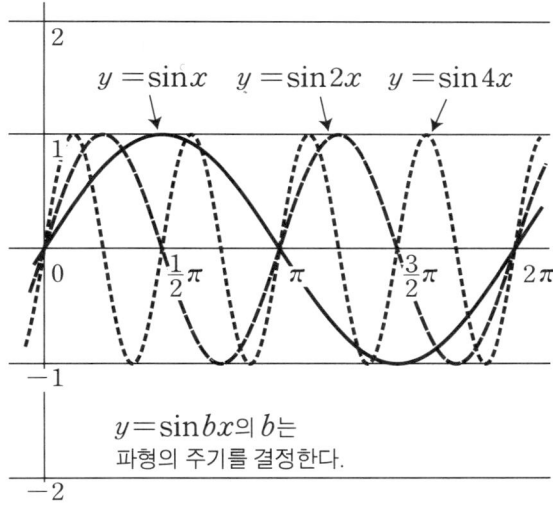

● 그림 4-6 sin의 전후에 붙는 숫자와 파형의 관계

sin의 앞에 붙는 숫자에 의해 진폭이 변하고, 뒤에 붙는 숫자에 의해선 주기가 변하네~.

지금까지의 방식은 두 함수의 x값에 대해서 더하거나 뺀 결과를 구해서 그래프로 그리며 함수의 식을 도출해왔었잖아? 그렇지만 해보면 알 수 있듯이 이 방식은 손이 많이 가고 그다지 현명한 방법이라고는 할 수 없어. 그래서 [공식]을 이용하는 거야. 예를 들어, 교과서에는 이런 공식이 나오지….

제 4 장 함수의 사칙연산

사인의 덧셈공식	$\sin(\alpha+\beta) = \sin\alpha\cos\beta + \cos\alpha\sin\beta$
	$\sin(\alpha-\beta) = \sin\alpha\cos\beta - \cos\alpha\sin\beta$
코사인의 덧셈공식	$\cos(\alpha+\beta) = \cos\alpha\cos\beta - \sin\alpha\sin\beta$
	$\cos(\alpha-\beta) = \cos\alpha\cos\beta + \sin\alpha\sin\beta$

 맞아! 있었어!!

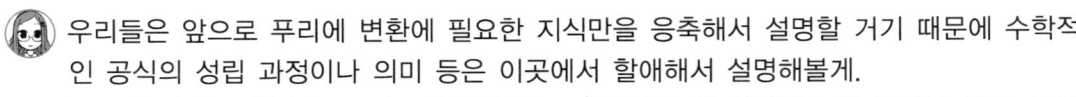 우리들은 앞으로 푸리에 변환에 필요한 지식만을 응축해서 설명할 거기 때문에 수학적인 공식의 성립 과정이나 의미 등은 이곳에서 할애해서 설명해볼게.
[sin의 덧셈공식]과 [cos의 덧셈공식]을 조합함으로써 삼각함수의 곱이나 합을 구할 수 있는 공식을 도출해 낼 수 있어.

곱을 합 또는 차로 고치는 공식	$\sin\alpha\cos\beta = \dfrac{1}{2}\{\sin(\alpha+\beta) + \sin(\alpha-\beta)\}$
	$\sin\alpha\sin\beta = -\dfrac{1}{2}\{\cos(\alpha+\beta) - \cos(\alpha-\beta)\}$
	$\cos\alpha\cos\beta = \dfrac{1}{2}\{\cos(\alpha+\beta) + \cos(\alpha-\beta)\}$

합 또는 차를 곱으로 고치는 공식	$\sin\alpha + \sin\beta = 2\sin\dfrac{\alpha+\beta}{2}\cos\dfrac{\alpha-\beta}{2}$
	$\sin\alpha - \sin\beta = 2\cos\dfrac{\alpha+\beta}{2}\sin\dfrac{\alpha-\beta}{2}$
	$\cos\alpha + \cos\beta = 2\cos\dfrac{\alpha+\beta}{2}\cos\dfrac{\alpha-\beta}{2}$
	$\cos\alpha - \cos\beta = -2\sin\dfrac{\alpha+\beta}{2}\sin\dfrac{\alpha-\beta}{2}$

 $\sin(\alpha+\beta)$와 $\sin\alpha + \sin\beta$의 차이는 뭔데~?

sin(α+β)은 각도 α와 각도 β를 더한 각도의 sin 값이라면
sin α+sin β는 각각의 sin 값을 더한 거야.
예를 들어서, sin(α+β)는
$\alpha=\beta=\frac{\pi}{4}(=45°)$라고 가정했을 때,
$$\sin\left(\frac{\pi}{4}+\frac{\pi}{4}\right)=\sin\frac{\pi}{2}=1$$
이 되는 거야(그림 4-7).

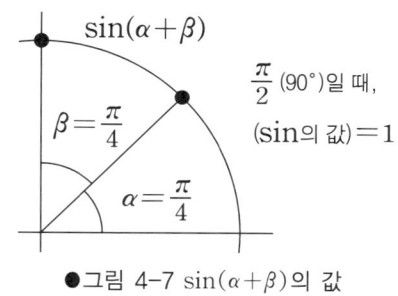

●그림 4-7 sin(α+β)의 값

또, sin α+sin β의 경우엔,
$$\sin\frac{\pi}{4}+\sin\frac{\pi}{4}=\frac{\sqrt{2}}{2}+\frac{\sqrt{2}}{2}=\sqrt{2}=1.4142\cdots$$
가 되는 거지(그림 4-8).

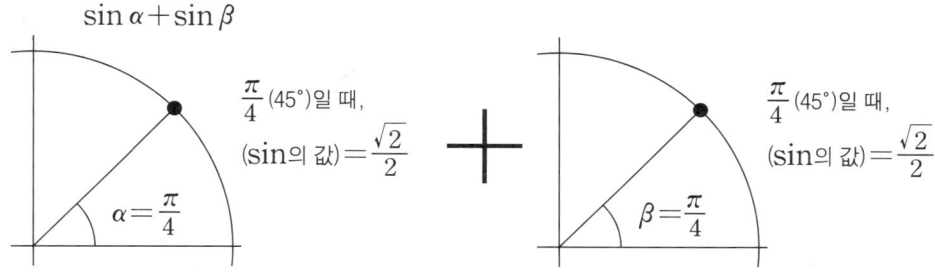

$$\frac{\sqrt{2}}{2}+\frac{\sqrt{2}}{2}=\sqrt{2}=1.4142\cdots$$

●그림 4-8 sin α+sin β의 값

그렇지만, 왠지 계산이 어려워 보여….

일단 외워두기만 하면, 일일이 그래프를 그리는 것보다 훨씬 쉬워!

쉽다고? 그럼 당장 외울께!!

단순하긴….

시험삼아 공식을 사용해서 아까의 $y=\sin x$와 $y=\cos x$의 곱을 구해보도록 하자. 사용할 공식은…

$$\sin\alpha\cos\beta = \frac{1}{2}\{\sin(\alpha+\beta)+\sin(\alpha-\beta)\}$$

이니까 여기에 $\alpha=x$와 $\beta=x$를 대입하면

$$\sin x \cos x = \frac{1}{2}\{\sin(x+x)+\sin(x-x)\}$$

$$= \frac{1}{2}\sin 2x$$

($\sin 0 = 0$이니까)

라고 순식간에 답이 나와.

오오~!

5. 함수의 곱과 정적분

이걸로 함수의 곱은 계산할 수 있게 되었으니

이것과 정적분이 같이 나오는 계산도 해보도록 하자.

에~

다음에 직교함수를 배우기 위한

준비라고 생각해줘.

왜 그런 것을 해야 하는 건데~.

흠…

지금은 퍼즐을 하나하나 맞춰가는 상태라고 할 수 있어.

네ㅡ.

퍼즐 피스가 모두 제자리를 찾으면 전체의 그림이 보일테니 걱정마!!

제 5 장
함수의 직교성

알다시피

문화제 라이브는 학생 8명에 선생님 2명, 총 10명의 심사위원들이

각 밴드에 점수를 매기지.

그… 그래서?

1위를 차지한 밴드가 마지막 무대를 장식하는 거야.

물론 우리 밴드는 그걸 노리고 있지.

우리들도

마찬가지라구…!

만약 우리 밴드가 이기면

자신있어 보이는데?

자, 그럼 이렇게 하자.

나와 사귀는 거야!

2. 직교하는 두 함수를 그래프로 확인해보자 ♬

아까도 예로 들어본 $\sin x$와 $\cos x$를 살펴보자. 우선, 처음엔 $y = \sin x \times \cos x$의 그래프를 그리고, 중간에는 $\cos x$, 맨 밑에는 $\sin x$의 그래프를 그려볼게(그림 5-1).

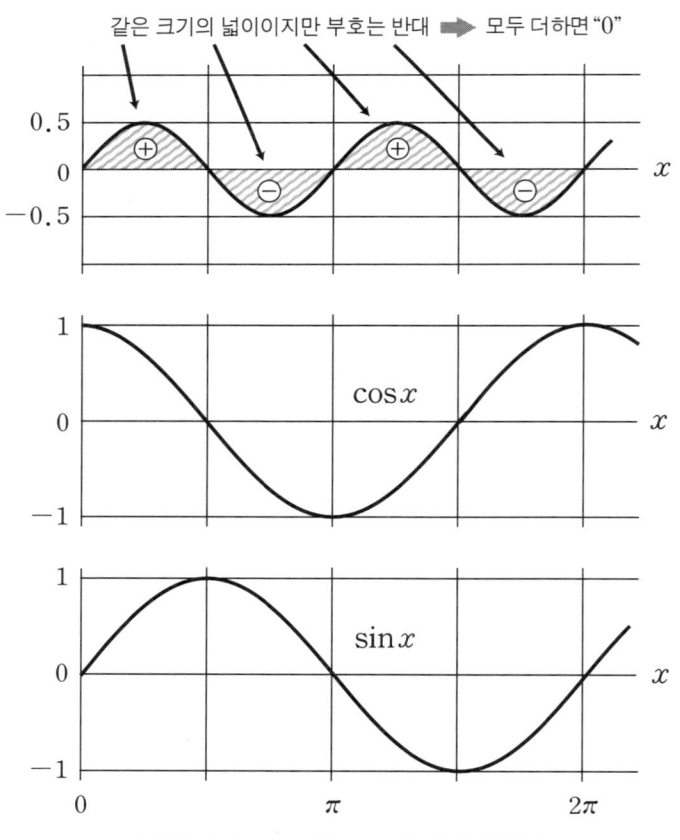

●그림 5-1 $\sin x$와 $\cos x$의 곱의 정적분

😊 제일 위의 $y=\sin x \times \cos x$의 그래프는 앞 장에서 공부했던 [곱을 합 또는 차로 고치는 공식]

$$\sin\alpha\cos\beta = \frac{1}{2}\{\sin(\alpha+\beta)+\sin(\alpha-\beta)\}$$

에서도 $\frac{1}{2}\sin 2x$란 결과가 나오는 걸 알 수 있었지.

😊 응, 이 계산식은 기억이 나

😊 여기에서는 $\sin x$와 $\cos x$의 주기(마루와 골로 이루어진 한 쌍)가 같고 [1주기가 0에서 2π]인 것은 그래프를 보면 알 수 있기 때문에, 그 범위만큼 정적분을 실행하는 거야. 그 결과, 정적분에 대응하는 넓이를 사선으로 나타내볼게.

😊 같은 크기의 [마루]와 [골]이 두 개씩 생겼어.

😊 함수의 값이 음수가 되는 경우엔, 넓이는 같아도 정적분의 값은 음수가 되거든. 즉, 정적분의 결과는…

😊 0 이야!

😊 맞아♪ 이것으로, 그래프에서 $\sin x$와 $\cos x$가 [직교하고 있다]는 것을 확인할 수 있는거야.

3. 직교하는 두 함수를 계산으로 확인해보자 ♫

🙂 만약을 위해 아까의 예를 계산으로 확인해 보자. 계산식은 이렇게 정리할 수 있어.

$$\int_0^{2\pi} \sin x \cos x\, dx$$
$$= \int_0^{2\pi} \left(\frac{1}{2}\sin 2x\right) dx$$
$$= \frac{1}{2}\left[-\frac{1}{2}\cos 2x\right]_0^{2\pi}$$
$$= \frac{1}{2}\left[-\frac{1}{2} + \frac{1}{2}\right] = 0$$

$\sin\alpha\cos\beta = \frac{1}{2}\{\sin(\alpha+\beta)+\sin(\alpha-\beta)\}$ 이므로

$\int_0^{2\pi}\sin x\, dx = -\cos x$ 이므로

단, 적분되는 변수가 $2x$이고 적분변수가 x이기 때문에 양쪽을 $2x$로 맞춘다

$$\int \sin(2x)dx$$
$$= \frac{1}{2}\int \sin(2x)d(2x)$$
$$= -\frac{1}{2}\cos 2x$$

🙂 이 계산식에서도 두 개의 함수를 곱해 정적분한 결과가 0이 되었어. 즉, $\sin x$와 $\cos x$가 [직교하고 있다]는 것을 계산으로도 확인할 수 있었던 거야♪ 여기에서는 같은 주기를 갖는 두 함수 $\sin x$와 $\cos x$를 예로 들었지만, 서로 주기가 다른 함수를 곱할 경우에는 적분구간을 주기가 긴 쪽의 함수의 1주기만큼 계산하는 게 정석이지. 하지만 실제로는 0에서 2π까지 두고 적분하는 경우가 많아. 왜냐하면 아무리 주기가 길어도 0에서 2π까지의 구간까지 대부분 1주기 분량은 들어가기 때문이야.

🙂 어째서 1주기 분량이 필요한건데?

🙂 그건 말이지, 주기가 긴 쪽을 기준으로 주파수를 생각하기 때문이야. 예를 들어 sin 함수가 1주기인 것과 2주기인 것을 겹쳐보면 2배의 파도가 생기는데, 이 경우 주기가 긴 것은 1주기 쪽이야.

🙂 긴 쪽의 주기를 1주기로 정하면 다른 것도 결정된다는 말이야?

🙂 그래, 맞아. $\sin 2x$ 나 $\sin 5x$ 도 기준이 되는 주기를 $\sin x (=\sin 1x)$ 의 주기로 의식하고 있기 때문에, 정적분할 때에는 $\sin x$ 의 0에서 2π 까지의 적분구간에 해당하는 구간을 정적분하는 거야. 실제 계산에서 $\sin 2x$ 의 x 에 0에서 2π 를 단순하게 대입하는 것만 보더라도, 주기를 별로 의식하지 않아도 계산을 할 수 있어.

🙂 오오~ 그렇단 말이지…?

🙂 그럼, 이제까지의 이야기를 밑거름으로 해서 이 외에도 직교하고 있는 조합이 있는지 찾아보도록 할까? 이번에는 $\sin x$ 와 $\sin 2x$ 의 경우를 생각해보자. 이것들을 곱한 함수의 그래프는 아래와 같아. 적분구간은 0에서 2π 까지야(그림 5-2).

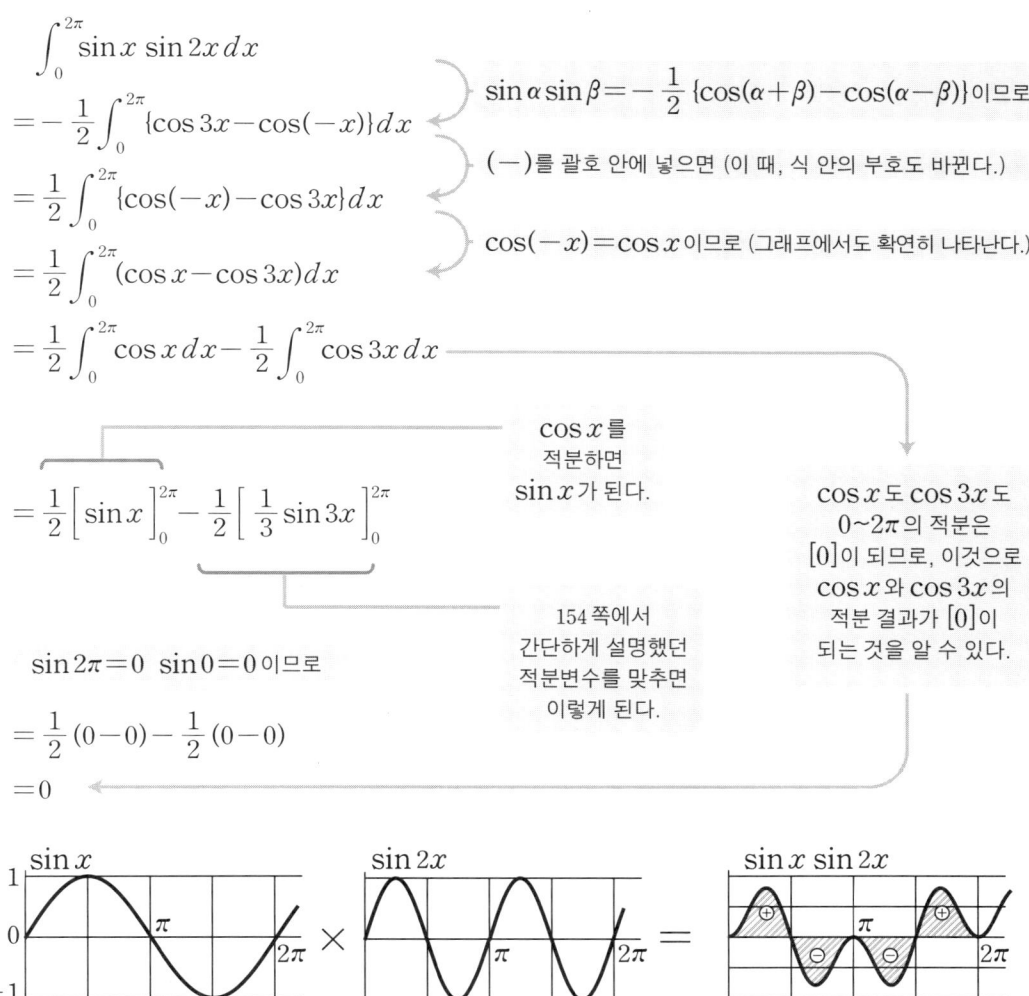

● 그림 5-2 $\sin x$ 와 $\sin 2x$ 의 곱의 정적분

제 5 장 함수의 직교성

🧑 이것 역시 크기는 같지만 부호가 다른 형태들이 반복되고 있어서 정적분의 결과는 [0]이 되는 것이군.

👧 그 말은… [직교하고 있다]는 뜻….

👧 그래~♪ 이것으로 [주기가 다른 사인함수는 모두 직교하고 있다]라는 사실도 유추해 낼 수 있어.

🧑 흐음….

👧 수학적으로 [m과 n이 다른 정수일 때, $\sin mx$와 $\sin nx$는 직교하고 있다]라고 말할 수 있는 거야.

🧑 m과 n이 같을 때는 아니야~?

👧 그렇지. $m=n=1$일 때엔, 전에 배웠던 $\sin x \times \sin x$, 즉 $y=\sin^2 x$의 정적분이 되어버리니까, 이 결과는 0이 아니기 때문에 직교한다고 할 수 없어. 어떤 함수가 [자기 자신과는 직교하지 않는다]는 사실은 딱히 계산해보지 않아도 알 수 있겠지?

🧑 확실히, 원주 위를 완전히 똑같이 회전하는 점들은 직각 위치 관계에 있다고 할 수 없으니까.

👧 물론 m과 n이 1이 아니어도, 같은 값일 경우엔 직교하지 않아. 그 이유는 0 이외의 함수를 제곱하면 어떤 점을 취하더라도 반대 값을 가지지 않기 때문에, 정적분의 값은 반드시 양수가 되기 때문이지.

🧑 그렇겠다….

👧 cos도 똑같겠네?

👧 훌륭한 질문이야. 결론부터 말하면 cos도 sin의 경우와 똑같이 m과 n이 같은 값을 가질 경우에는 $\cos mx \times \cos nx$의 0에서 2π의 구간의 정적분이 값을 갖지만, 그 외에는 전부 0이란 결과가 나와. 즉, [$\cos mx$와 $\cos nx$도 m과 n이 다를 경우에만 서로 직교한다]고 할 수 있어.

🧑 $\sin mx$와 $\cos mx$는 각각 자기 자신 이외의 주기를 갖는 함수와 직교하는구나!

👧 게다가 아까도 살펴봤듯이 $\sin mx$와 $\cos mx$는 주기와 상관없이 서로 직교한다구!!

4. $y = \sin^2 x$의 정적분

유감스럽게도 그래프만으로는 적분의 결과(= 넓이)를 알 수는 없으니,

계산을 해보는 수밖에 없어.

네~.

$$\int_0^{2\pi} \sin^2 x \, dx$$
$$= \int_0^{2\pi} \sin x \cdot \sin x \, dx$$

$\sin\alpha \sin\beta = \frac{1}{2}\{\cos(\alpha-\beta) - \cos(\alpha+\beta)\}$

그러므로 ($\alpha = \beta$ 이므로)

$$= \frac{1}{2} \int_0^{2\pi} \{\cos(0) - \cos(2x)\} \, dx$$

$\cos(0) = 1$ 이다

$$= \frac{1}{2} \int_0^{2\pi} \{1 - \cos(2x)\} \, dx$$

응, 응.

이 식을 전개하면

$$= \frac{1}{2}\left(\int_0^{2\pi} 1\,dx - \int_0^{2\pi} \cos 2x\,dx\right)$$

이렇게 정리가 돼.

으아~ 어려워 보여.

식을 잘 살펴봐.

$\int_0^{2\pi} \cos 2x$는 $\cos x$의 2주기만큼의 정적분을 구하는 것이니

[0]이 되는 것은 계산하지 않아도 돼.

아, 그렇지!!

맞아!

$\frac{1}{2}$의 적분은 $\frac{1}{2}x$이므로

0에서 2π까지의 구간을 정적분하면 x에 2π를 대입할 수 있으니…

$\frac{1}{2}\left(\int_0^{2\pi} 1\,dx\right)$만 계산하면 되겠네…

그렇게 되는 거지!

덧붙여 $\cos x \times \cos x$의 경우도

이와 같은 결과를 얻을 수 있어.

$$= \frac{1}{2}[x]_0^{2\pi}$$
$$= \frac{1}{2}(2\pi - 0)$$
$$= \pi$$

답은 $[\pi]$야!

제 6 장
푸리에 변환을 이해하기 위한 준비

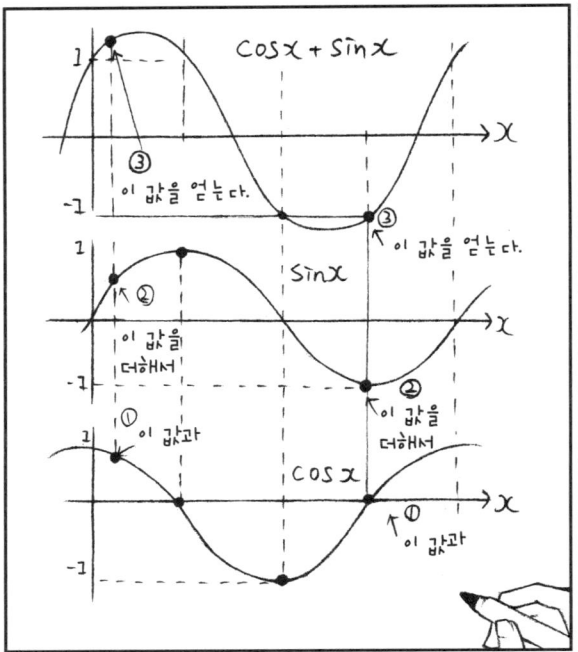

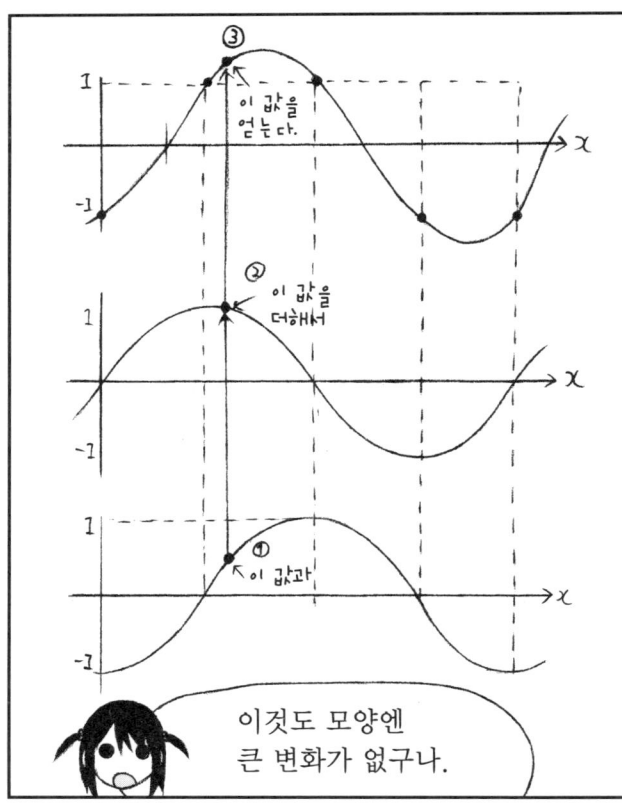

2. $a\cos x$와 $b\sin x$의 합성 ♫

🙂 $\sin x$와 $\cos x$를 쓰지 않으면 위상을 나타내지 못하는 거야?

😐 예를 들어, $\sin x$의 위상은 $\sin(x+\theta)$이란 형태로 θ를 변화시키면 나타낼 수는 있어. 그러나 이 경우 θ를 무한히 필요로 하기 때문에 파형의 합성이나 분석을 하기가 힘들어.

🙂 그렇겠다….

😐 게다가 함수들을 그대로의 형태로 다루는 것이 아니라 어떤 [직교하는 함수의 조합]으로 다룬다고 생각해야 해. 실제로는 $\sin x$와 $\cos x$라는 단 2개의 함수로, 다양한 위상의 $\sin(x+\theta)$를 만들 수 있어. 이 자리에서 몇 가지 구체적인 예를 들어볼게.

예를 들어, $a=\frac{1}{2}$, $b=1$인 경우엔 이렇게 돼(그림 6-1).

또 $a=1$, $b=\frac{1}{2}$인 경우에도 이렇게 돼(그림 6-2).

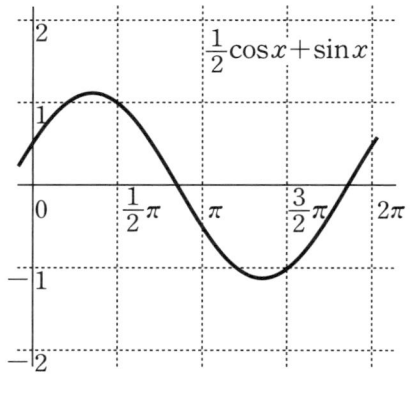

●그림 6-1 $\frac{1}{2}\cos x + \sin x$의 파형

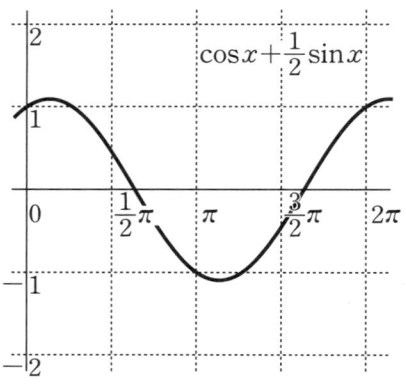

●그림 6-2 $\cos x + \frac{1}{2}\sin x$의 파형

😊 sin과 cos만으로 나타낼 수 있다는 것은 이 2개가 [직교]라는 성질을 가지고 있다고는 것과 같아. [직교하고 있다]란 뜻은 [다른 방법을 통해서는 나타낼 수 없다]라는 성질도 가지고 있어.

😕 무슨 말이야…?

😊 단순한 예를 들어 설명해볼게.
함수의 그래프를 그릴 때, 먼저 x축과 y축이 직각으로 교차된 그래프를 그리잖아(그림 6-3)?

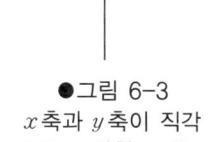
●그림 6-3
x축과 y축이 직각으로 교차한 그래프

😄 예린이의 얘기 중에도 많이 나왔던 거잖아!

😊 이 그래프도 관점만 바꾸면 [$y=0$]이란 상수식이 x축을 나타내고, [$x=0$]이란 상수식이 y축을 나타낸다고도 할 수 있어…. 즉, x축과 y축의 기본 그래프는 상수식 $x=0$과 $y=0$의 그래프가 직교하고 있는 그래프라는 것이지.

😲 오오~ 역시…. 그래도 직각으로 만나는 것뿐이니, 당연하다면 당연한 얘기 아니니?

😊 굉장히 당연한 얘기를 굳이 돌려 말하고 있으니 주의해서 들어주길 바래. x축($y=0$)은 y축($x=0$)을 아무리 정수배해도 나타낼 수 없어. 0은 몇 배를 해도 0밖에 되지 않으니까. x축 위의 적당한 값(예를 들어 $x=5$)은 $x=0$(y축)을 몇 배를 해도 만들 수 없지. y축의 경우도 마찬가지야. 이것은 곧 [직교한다]라는 말이 [다른 방법으로는 나타낼 수 없다]란 뜻이야. 보통 아무생각 없이 그래프의 축을 직각으로 교차하듯 그리고 있지만, 평면을 두 개의 변수 x와 y가 각각 다른 쪽의 함수가 될 수 없도록 필연적으로 만나지 않게 그리고 있는 거야.

😊 x축과 y축이 직교하는 건, 직교하도록 의식적으로 그렇게 그렸기 때문이었구나…. 덕분에 그것을 기준으로 여러 가지 점의 좌표를 나타낼 수도 있고 말이야.

😊 지금 배운 것을 바탕으로 이야기를 sin과 cos으로 돌려서…. 예를 들어 $\cos x$라는 함수는 $b\sin x$의 b를 아무리 변화시켜도 만들어 낼 수 없지.

😄 $\cos x$의 경우도 똑같겠네?

😊 맞아♪ $\sin x$는 $a\cos x$의 a를 아무리 변화시켜도 만들어 낼 수 없어. 게다가 조금 서둘러 말하는 감도 없잖아 있지만, $\sin 3x$도 $\sin x$로부터는 만들어 낼 수 없어. 이것은 $\sin x$와 $\sin 3x$가 직교하고 있기 때문이야.
x축과 y축의 경우, 직교하는 것은 단 둘뿐이었지만 $\sin x$나 $\sin 2x$나 $\sin 3x$ 등등은 모두 서로에게 직교하는 함수인 거야.

$\cos x$와 $\cos 2x$, $\cos 3x$, …와 $\cos$도 주기가 다른 것들끼리는 서로 직교하고 있어. $\cos nx$와 $\sin nx$는 주기가 같아도 직교하고 있고. 이렇게 서로 직교하는 함수를 조합함으로써 다양한 형태의 함수를 만들어 낼 수 있어.

다른 삼각함수로는 만들어 낼 수 없는, 서로 직교하는 각각의 삼각함수는 다양한 파형을 만들어 내는 기준단위로서 존재 의의가 있는 것이지.

그럼, 얘기를 다시 처음으로 돌려서 $\sin x$와 $\cos x$의 크기(a와 b)에 따라 합성된 파형은 진폭도 바뀌게 돼. 이것은 $\sin x$와 $\cos x$의 합성을 원주 위를 회전하는 벡터로 바꿔서 생각하면 이해하기 쉬울 거야.

벡터라면 [→]를 그리는 거 아냐…?

맞아, 그거야♪ 벡터는 단순하게 힘의 방향과 크기를 나타내는 거라고 할 수 있어. 지금, a와 b라는 두 벡터가 있다고 해보자. a와 b를 기준으로 평행사변형(지금 예제로 들고 있는 $\sin x$와 $\cos x$는 직교하고 있으므로 직사각형이 된다)을 만들어, 대각선을 구하는 것으로 그 둘을 합성한 벡터를 구할 수 있어(그림 6-4).

●그림 6-4 벡터 a와 b의 합성

물리 교과서에서 본 것도 같아.

벡터는 물리학에서 많이 쓰이니까. $\sin x$와 $\cos x$를 각각의 반지름이 a와 b인 원주 위에서 항상 $\frac{\pi}{2}$(90°)만큼 떨어져 있는 상태로 회전하고 있는 벡터라고 생각하고, 합성을 해보자. $\sin x$와 $\cos x$는 직교하고 있기 때문에, 이 경우는 평행사변형이 직사각형이 되는 거야(그림 6-5).

주) $\vec{a}$를 a, $\vec{b}$를 b로 표현한다.

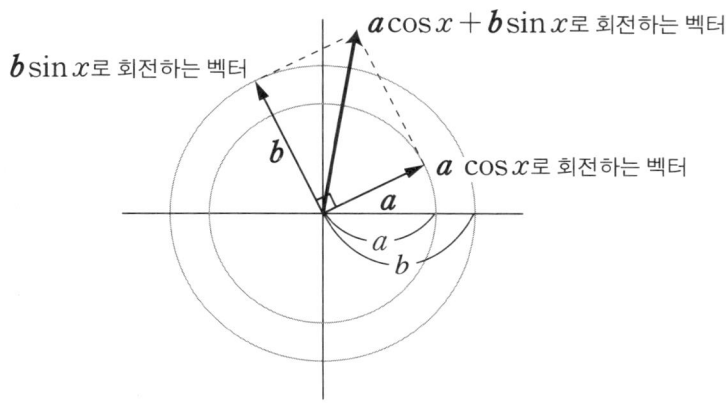

●그림6-5 직교하면서 회전하는 두 벡터 $a\cos x$와 $b\sin x$의 합성의 개념

🙂 오오! 정말이다!!

🙂 이처럼 벡터를 사용해 표현함으로써, 합성된 $a\cos x + b\sin x$의 크기(벡터의 길이)를 구할 수 있어.

🙂 … 크기의 값을 알 수 있다는 거야?

🙂 당연한 말씀! 피타고라스의 정리를 생각해 봐.

🙂 피타고라스의 정리라면 분명…

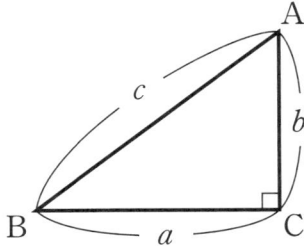

$$a^2 + b^2 = c^2$$

이잖아.

🙂 피타고라스의 정리를 적용시켜보자(그림 6-6).

$a^2 + b^2 = r^2$
이므로
$r = \sqrt{a^2 + b^2}\ (r > 0)$

●그림 6-6 피타고라스의 정리를 벡터의 합성에 응용

🧑 합성된 $(a+b)$라는 벡터를 반지름 r인 원에 대입해볼게. 그럼,

$$a^2+b^2=r^2$$

라는 관계에 있다는 것을 바로 알 수 있지. 이 식을 r에 대해 정리하면

$$r=\sqrt{a^2+b^2}$$

이 돼.

🧑 $a\cos x+b\sin x$의 크기가 $\sqrt{a^2+b^2}$가 되는 거야?

🧑 그래, 맞아♪
예를 들어, $a=2$와 $b=2$의 파형을 생각해보자. 그럼

$$r=\sqrt{2^2+2^2}=\sqrt{8}=2\sqrt{2}=2.82842712\cdots$$

가 되는 거야. 결국, $2\cos x+2\sin x$의 파형의 크기(진폭)는 [2.82841712…]가 되는 거지(그림 6-7).

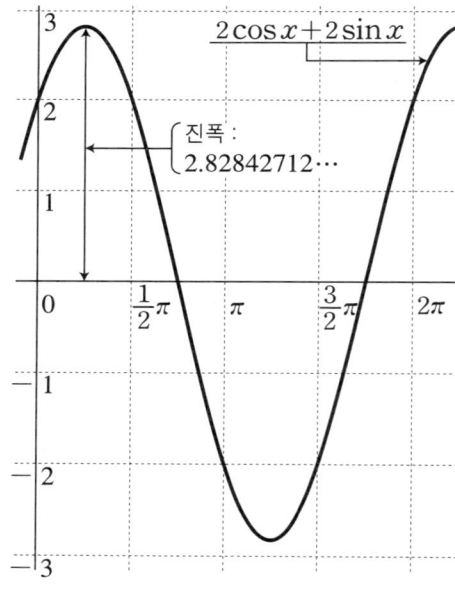

●그림 6-7 $2\cos x+2\sin x$의 진폭

🧑 이처럼 a와 b를 적당하게 조합하면 주기를 바꿀 수는 없지만 진폭과 위상은 자유자재로 바꿀 수 있어!

🧑 헤에~. 주기는 같아도 여러 가지 형태의 파형을 만들 수 있구나.

결국 $\sin nx$와 $\cos nx$를 합성하면 위상은 변화하지만 주기는 바뀌지 않는다는 말이야. $\sin x$와 $\cos x$를 합성했을 때에는 1주기, $\sin 2x$와 $\cos 2x$를 합성했을 때에는 2주기, $\sin nx$와 $\cos nx$를 합성했을 때에는 n주기가 돼. 이 n주기는 전에 얘기했던 ω(각주파수)에 대응하고 있어서, r과 합치면 스펙트럼이 그려지게 돼! (그림 6-8)

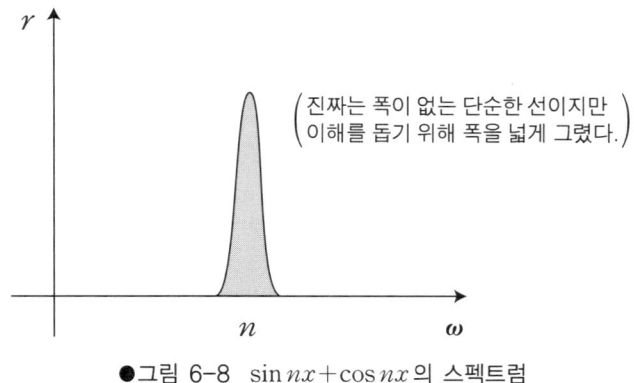

●그림 6-8 $\sin nx + \cos nx$의 스펙트럼

ω는 [주파수]라고 볼 수 있구나!

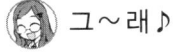

그~래 ♪

3. 주기가 다른 삼각함수의 합성

이제부터는 주기가 다른 삼각함수를 더해보도록 하자. 삼각함수를 합성함으로써 어떤 함수의 식을 나타낼 수 있다는 개념은 나중에 다룰 [푸리에 급수]의 얘기와도 관계가 있으니까 여기에서는 일단 컴퓨터와 함수를 이용해 그래프를 그려주는 프로그램을 활용해서 간단하게 그래프만 확인해보자~

네에-!

우선은 $\sin x + \sin 2x$ 부터!!

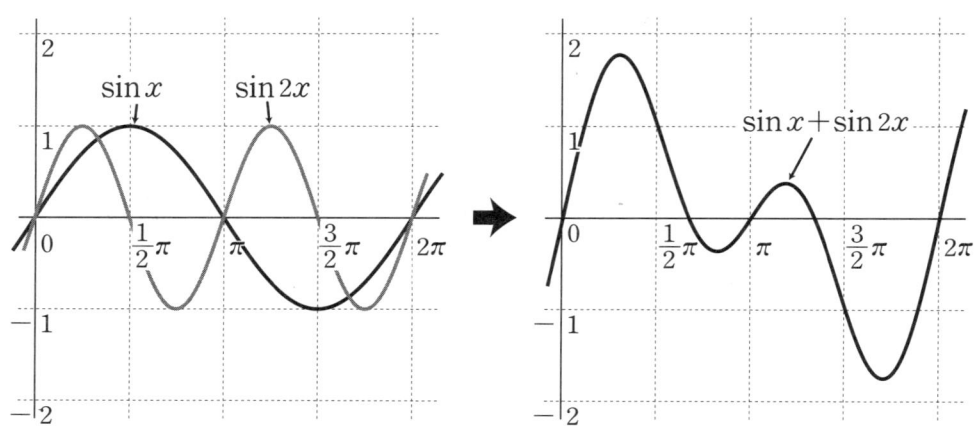

● 그림 6-9 $\sin x + \sin 2x$ 의 그래프

$\sin x + \sin 2x + \sin 3x$ 는 어떻게 될까? (그림 6-10)

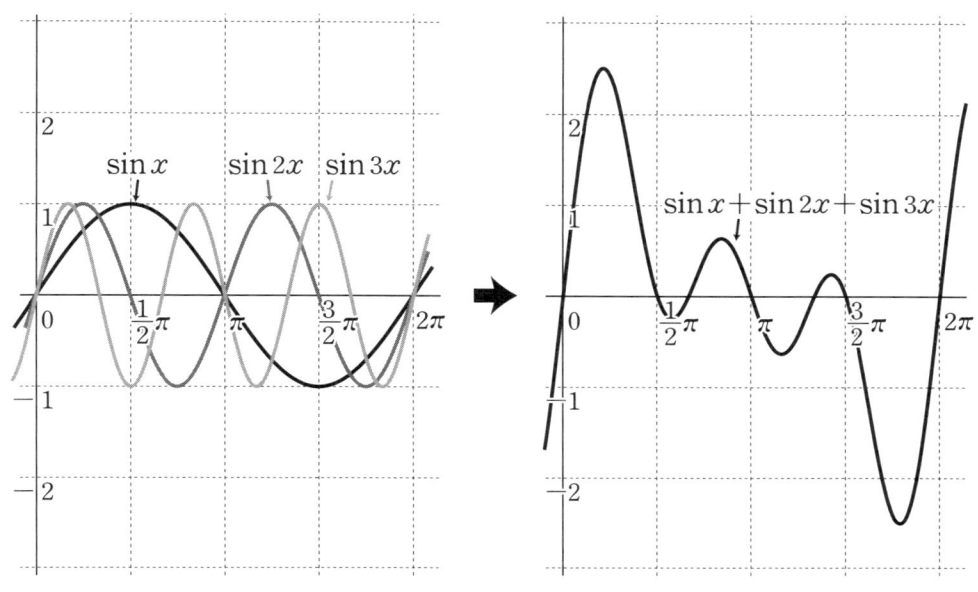

●그림 6-10 $\sin x + \sin 2x + \sin 3x$의 그래프

$\sin 2x + 0.5\cos 2x$는 어떻게 될까? (그림 6-11)

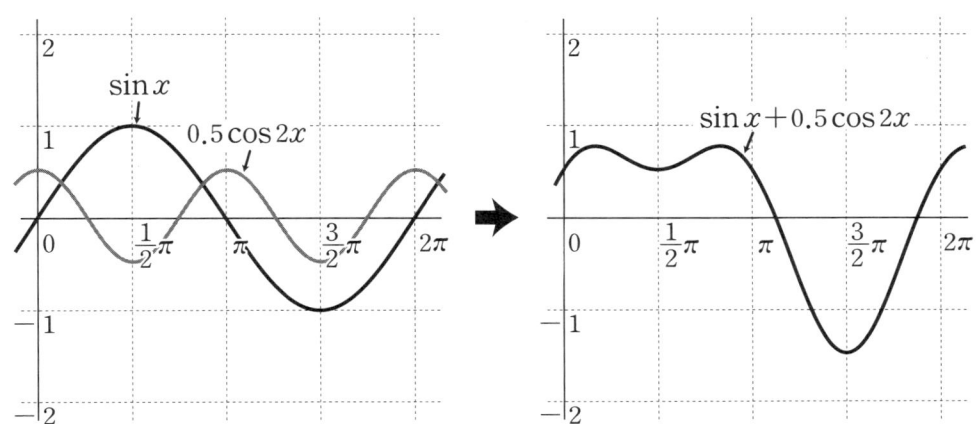

●그림 6-11 $\sin x + 0.5\cos 2x$의 그래프

제 6 장 푸리에 변환을 이해하기 위한 준비

마지막으로 $\sin x + 0.5\cos 3x + 0.5\sin 3x$를 해보자(그림 6-12).

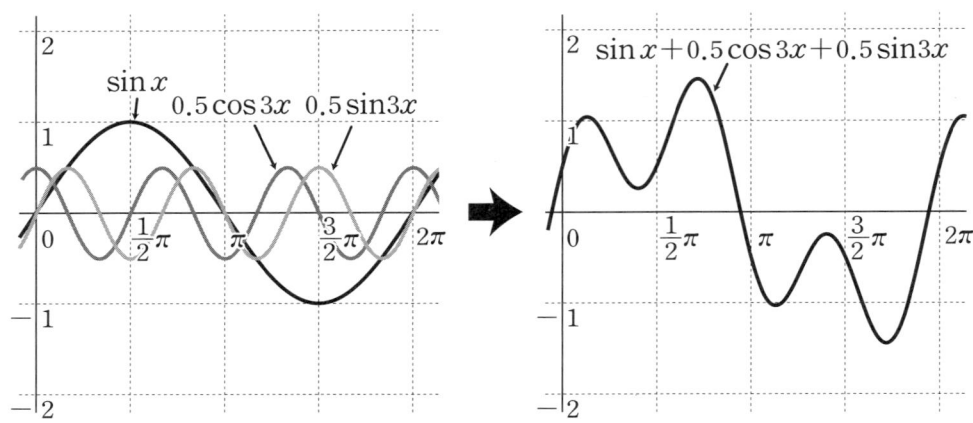

●그림 6-12 $\sin x + 0.5\cos 3x + 0.5\sin 3x$의 그래프

 sin과 cos을 합성함으로써 다양한 그래프를 만들어 낼 수 있구나~!

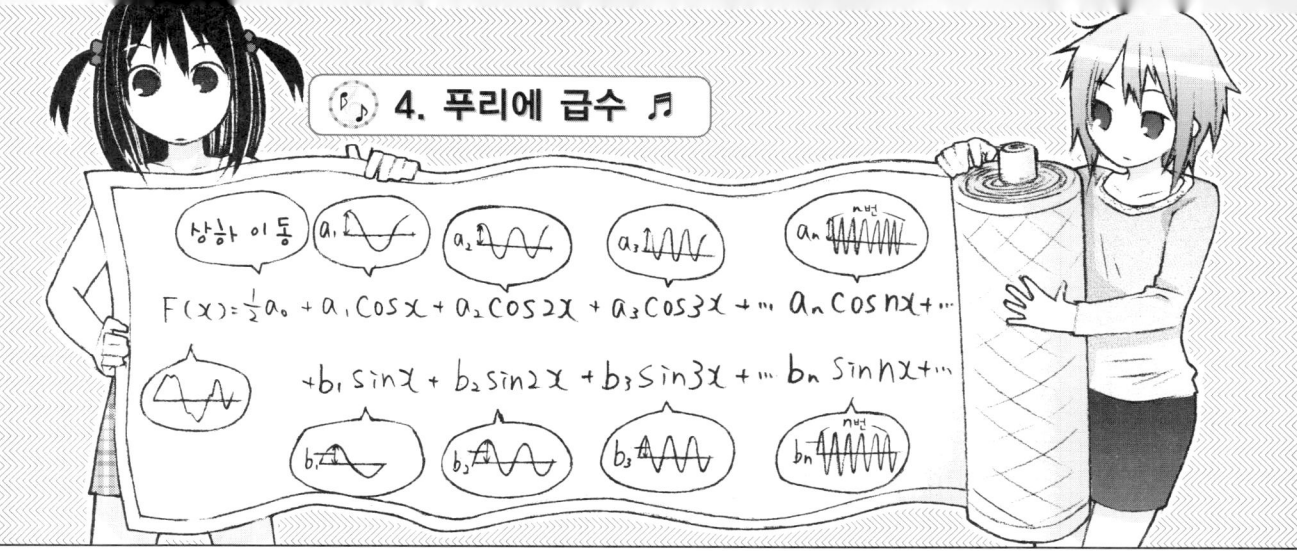

4. 푸리에 급수

- 앞에서 다룬 예에서는 sin 이나 cos을 세 개까지만 더했는데, 이것을 개수와 상관없이 여러 개를 더하면 좀 더 복잡한 함수를 만들어 낼 수 있어.

- 헤에~. 많은 함수를 더하려면 그거야말로 컴퓨터를 사용하지 않으면 계산이 불가능할 것 같은데?

- 분명 컴퓨터를 사용하면 쉽게 계산할 수는 있지만 우선은 그 [이론]을 이해하는 것이 중요해. 그게 바로 [푸리에 급수 전개(푸리에 급수)]야! 푸리에 급수 전개를 공식으로 써보면, 다음과 같아.

$$F(x) = \frac{1}{2}a_0 + a_1 \cos x + a_2 \cos 2x + a_3 \cos 3x + \cdots + a_n \cos nx + \cdots$$
$$+ b_1 \sin x + b_2 \sin 2x + b_3 \sin 3x + \cdots + b_n \sin nx + \cdots$$
$$= \frac{1}{2}a_0 + \sum_{n=1}^{\infty}(a_n \cos nx + b_n \sin nx)$$

- 오오, 공식이 있었던 거야!? 근데, 왠지 어려울 것 같은 식이군…. 수학기호가 이렇게 많이 나오면 머리가 아프다구!

- 뭐어, 그런 말만 하지 말고 일단 한번 살펴보자구~.
  우선, 공식을 어떻게 봐야 하는지 설명할게. 이 식은 좌변의 $F(x)$라는 함수가 우변과 같은 cos과 sin 이 합성된 형태로 나타낼 수 있다는 의미야. 당연히 $F(x)$가 어떤 함수이냐에 따라 $a_0, a_1, \cdots, a_n, \cdots, b_1, \cdots, b_n, \cdots$도 변화하겠지.
  여기에서는 $F(x)$와 $a_0, a_1, \cdots, a_n, \cdots, b_1, \cdots, b_n, \cdots$의 함수는 제쳐두고, 합성의 의미를

생각해보자. 식의 처음에 붙어있는 $\frac{1}{2}a_0$ 는 이 뒤에 계속될 삼각함수에 의해 합성된 파형 전체를 상하로 이동시킬 수 있도록 하기 위해 들어있는 거라 생각해줘.

🙂 $y=ax+b$ 에 있는 [b]같은 거를 말하는 거지? 그런데 공식의 뒤에 나오는 [Σ]는 뭐야?

🙂 수학기호 [Σ(시그마)]는 앞의 공식에 나오는 모든 덧셈을 하나로 정리한 [총합]이란 의미를 나타내는 거야. Σ의 계산 방법을 간단한 예로 들면 다음과 같아(그림 6-13).

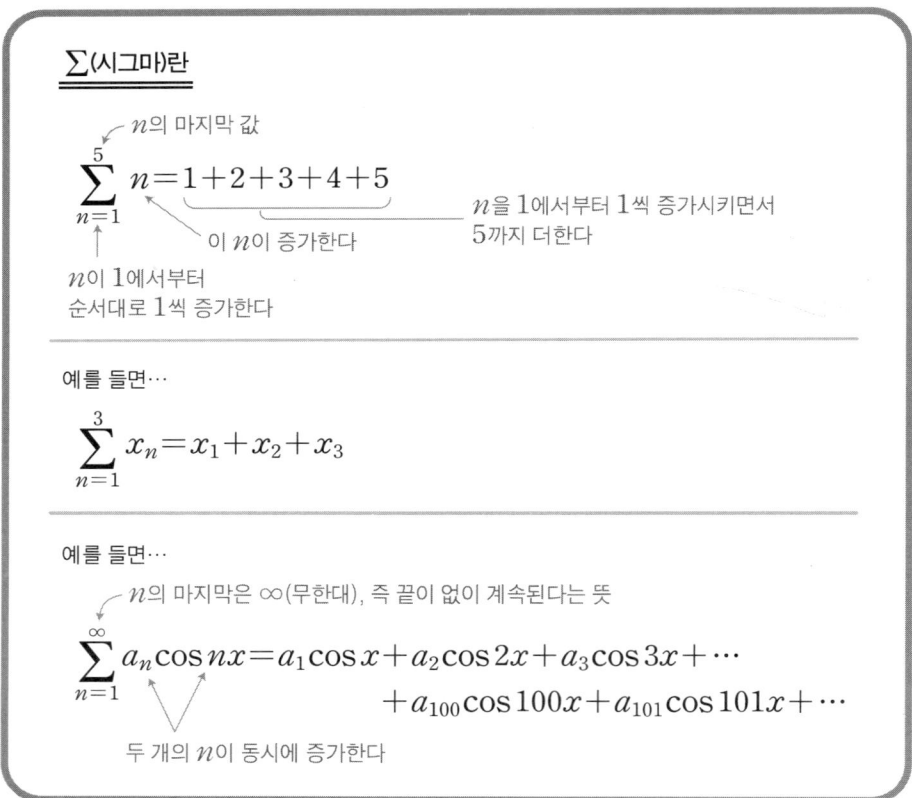

●그림 6-13 Σ기호의 설명

🙂 푸리에 급수 전개의 Σ 중에서도 n이란 문자가 있는데 이 n은 [진폭을 결정하기 전에 붙는 수치]와 [주기를 정하는 함수의 속에 있는 x의 앞에 붙는 수치]의 양쪽 모두에 들어있는 것에 주의해야 해. 양쪽 모두 동시에 1, 2, 3, 4, …로 증가하는 거야.

🙂 와아~, 신기하다~.

이 [푸리에 급수 전개]는 함수 $F(x)$가 어떤 주기를 가지고 있을 때, 즉 [주기함수]일 때 합성에 이용되는 것이 전제되어 있어야 돼. 주기함수가 아닌 경우에는 어떤 구간으로 잘라내서 이 구간이 반복되고 있다고 가정함으로써 파형을 합성하는 것이 가능해.

과연….

식을 보는 방법을 알았으니, 이제 좀 더 자세하게 식을 살펴보자. $a_1, a_2, a_3, \cdots, a_n \cdots$, $b_1, b_2, b_3, \cdots, b_n, \cdots$은 [푸리에 계수]라 불리고, 이 계수의 값을 알면 $F(x)$의 파형의 형태를 정할 수 있어. 왜냐하면 푸리에 급수에서는 진폭을 결정하는 a_n이나 b_n의 n과 주기를 결정하는 nx의 n이 연동하는데다, 또 $\cos$과 $\sin$의 계수 중에 어느 한 쪽을 나타내는지도 $[a_n]$과 $[b_n]$으로 구별할 수 있기 때문이지. 따라서 $[a_n]$과 $[b_n]$의 크기를 정하면 합성된 함수의 형태, 즉 $F(x)$의 파형이 자동적으로 하나로 정해지는 거야.

시계로 말하면 [분침]과 [시침]을 읽으면 [시간]을 알 수 있다는 거지?

음, 어떻게 보면 비슷할지도…. 특정 두 개의 사항으로부터 다른 별도의 사항을 알 수 있다는 것은 맞아.

초침은 어디갔어?

그렇게 사소한 것은 신경쓰지 말자구~!

개념은 전부 이해한 것 같으니 좀 더 구체적으로 파형의 합성에 대해 살펴보기로 하자~.

그래, 파믹스를 살펴보자구!

파믹스…?…

파형을 섞는 거니까 [파믹스]!!

자, 그럼 $\sin nx$의 n이 1부터 2, 3, 4, $\cdots$, 40까지인 파믹스를 살펴보도록 할까?

예린이까지….

주기의 크기에 관한 계수, 즉 a_n은 n의 역수로 만드는 거야. $a_n = 1, \frac{1}{2}, \frac{1}{3}, \cdots$같이 말이야. 그러면 조금 재미있는 파형을 볼 수 있을 거야.

🙂 어려워 보이는 계산…!

🙂 그럼 컴퓨터를 사용하면 돼~. 전문 프로그램을 쓰지 않고 [Excel]로도 계산할 수 있거든.

🙂 헤에! Excel은 표를 만들 때 말고는 써본 적 없어~.

🙂 자세한 방법은 옴사에서 나온 [Excel로 배우는 푸리에 변환]을 참고해줘. 여기에서는 결과만을 살펴보기로 할테니~ (그림 6-14).

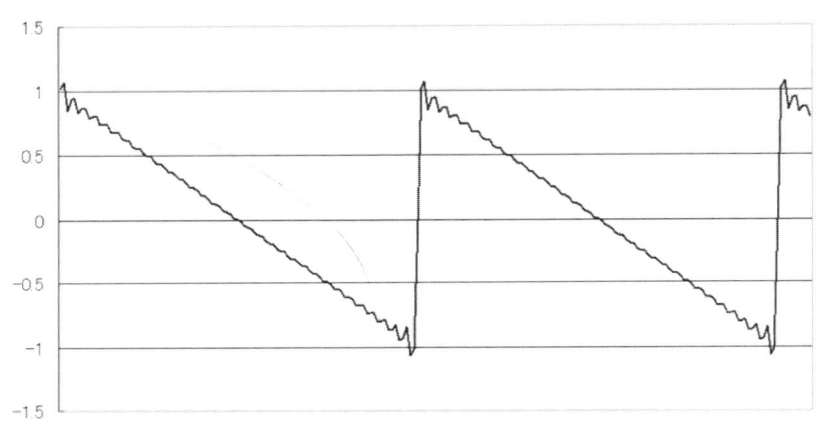

●그림 6-14 사인함수를 $n=40$까지 순서대로 합성한 함수

🙂 오오~! 왠지 뾰족뾰족하네!

🙂 톱니같아….

🙂 그렇지? 이런 파형을 실제로 [톱니파]라고 부르지.

🙂 헤에~! 지금까지 봐온 파형과는 전혀 다른 것 같아~.

🙂 그럼, 또 하나의 재미있는 파형을 보자. 이번에는 $a_n \sin nx$의 n을 홀수로 한정해서 합성해 보도록 할까? 이 경우도 a_n은 n(홀수)의 역수로 만들어야 해.
$n=5$까지 합성하면 파형은 이렇게 변해(그림 6-15).

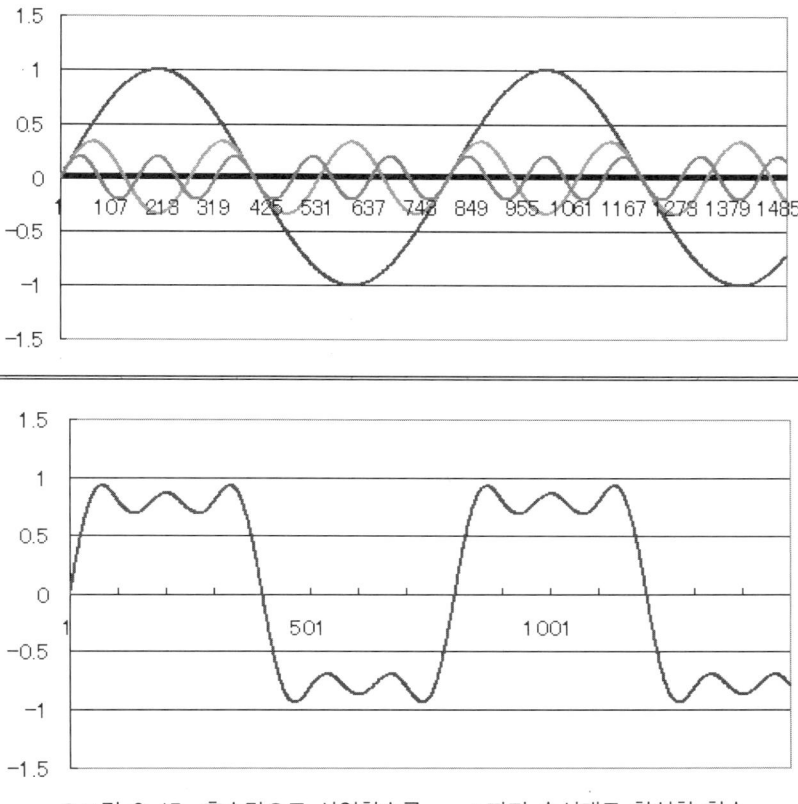

●그림 6-15 홀수만으로 사인함수를 $n=5$까지 순서대로 합성한 함수

🐱 톱니파와는 완전히 다른 느낌의 파형이 만들어지는구나~.

👧 n이 ∞일 때의 파형을 [직사각형파(혹은 방형파, 구형파)]라고 불러.
덧붙여 같은 조건으로 n의 값을 15까지로 할 경우와 49까지로 할 경우도 살펴보기로 할까? (그림 6-16)

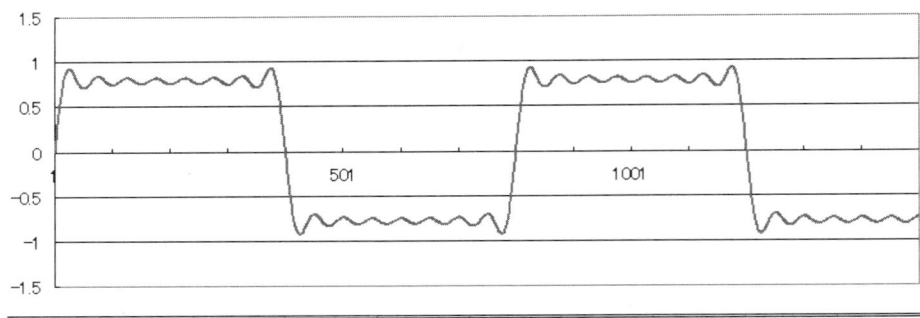

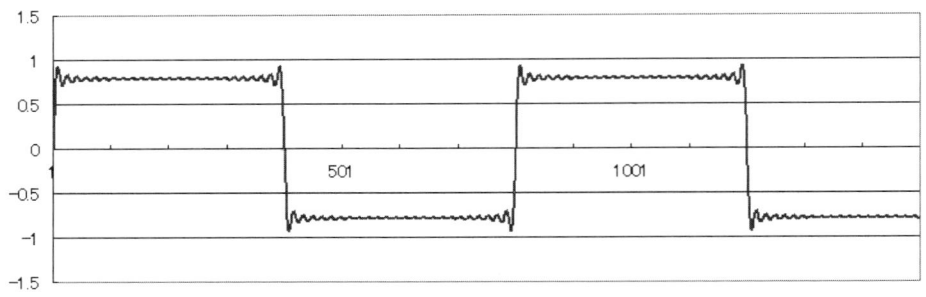

●그림 6-16 $n=15$ 까지 순서대로 합성한 함수(위)와 $n=49$ 까지 순서대로 합성한 함수(아래)

🙂 파도가 점점 작아져서 파형이 직선에 가깝게 돼버렸네!

🙂 주기가 다른 사인함수를 합성하면 이처럼 모난 파형도 얼마든지 만들어 낼 수 있어.

🙂 톱니파나 직사각형파도 어디에서 많이 들어본 거 같아….

🙂 밴드와 관계있지 않았을까? 예를 들어, 베이스의 이펙터에 [베이스 신디사이저]라는 것이 있잖아. 이것은 신디베이스, 즉 전기적인 베이스의 소리를 얻기 위해서 의도적으로 파형을 변화시키는 것이야. 대부분의 [전자음]적인 소리는 파형이 깨끗하게 정리되어 있지만, 이 이펙터에는 베이스에서 나오는 파형을 기계적으로 [톱니파]나 [직사각형파]로 변형시킬 수 있거든.

🙂 그렇구나….

🙂 톱니파는 보이는 대로 가장자리가 뾰족한 소리가 나고, 직사각형파는 톱니파와 비교했을 때 각이 없는 부드러운 소리가 난다고 할 수 있어.

5. 시간함수와 주파수 스펙트럼

이전에, 이런 그림을 그리면서 했던 얘기가 있었지? (그림 6-17)

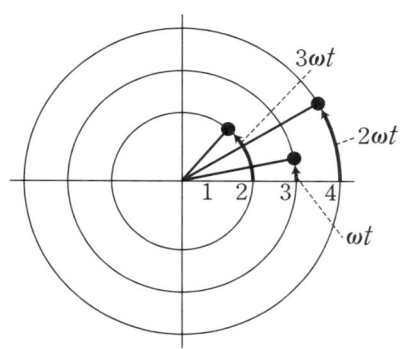

●그림 6-17 세 개의 원주 위를 각각 회전하는 점

분명 삼각함수의 얘기를 했었을 때인데…. 반지름 1, 2, 3인 원을 각각 다른 속도로 움직이는 점이라면서….

맞아! 이것을 시간의 함수로 보고 그래프를 그려보면 사인함수가 되거든(그림 6-18).

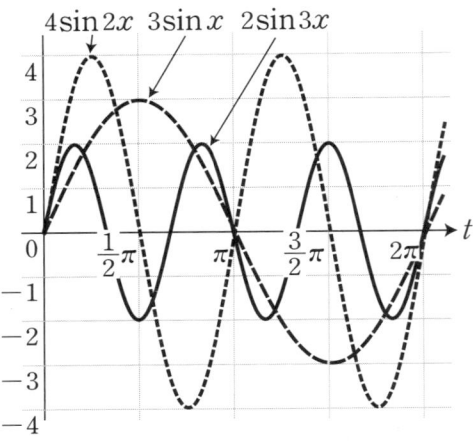

●그림 6-18 그림 6-17을 시간의 함수로서 그래프화한다.

👧 이처럼 시간에 따라 변화하는 함수를 [시간함수]라 부르고, 정해진 반복을 하는 함수를 [주기함수]라고 불러.

그럼, 이 그래프에서 ω를 가로축으로 놓으면 스펙트럼을 그릴 수 있어. 이것이 시간함수와 스펙트럼을 결부시키는 일련의 흐름이야(그림 6-19).

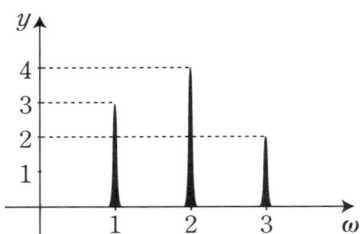

●그림 6-19 그림 6-17을 기본으로 하는 스펙트럼

👧 그렇구나. 벌써 왠지 그리운 느낌….

👧 헤미야….

👧 이런 이런…, 감개무량하고 있는데 미안하지만 이제부터가 진짜니까, 이 파형들을 실제로 합성해 볼 거야!

반지름이 3인 원을 ωt로 회전하는 점은 $y=3\sin x$가 돼. 똑같은 방식으로 반지름이 4인 원을 $2\omega t$로 회전하는 점은 $y=4\sin 2x$가 되고, 반지름이 2인 원을 $3\omega t$로 회전하는 점은 $y=2\sin 3x$가 되지. 또한 이 함수들의 합을 구한 결과는 다음과 같지(그림 6-20).

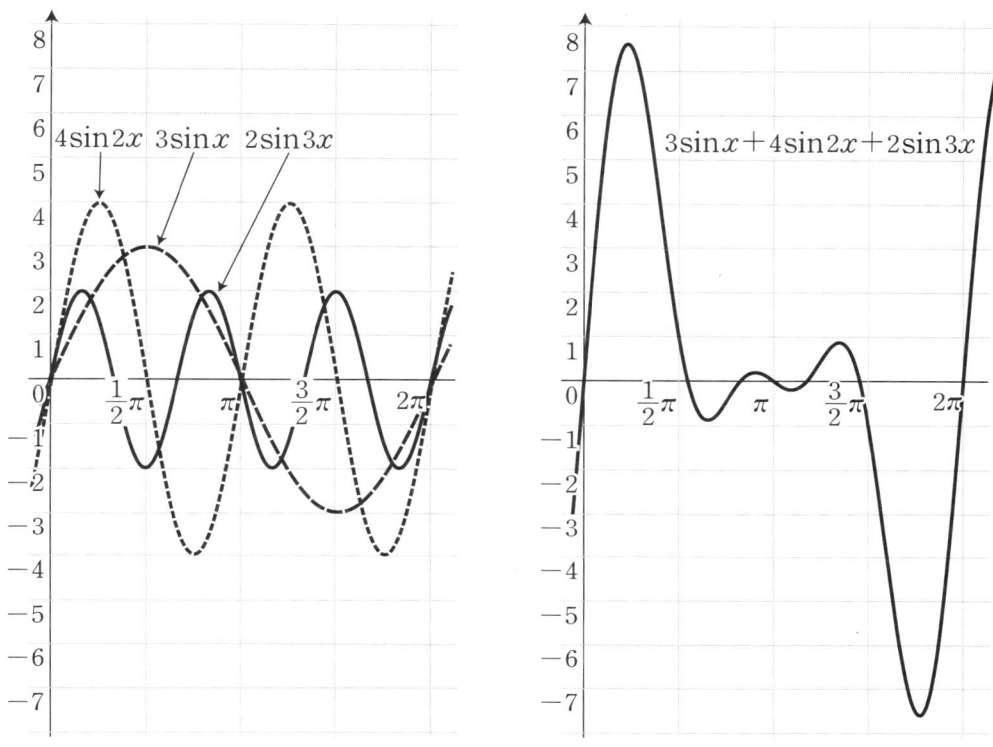

●그림 6-20 $3\sin x + 4\sin 2x + 2\sin 3x$ 의 그래프

🙂 역시 복잡한 파형으로 바뀌는구나.

😊 [푸리에 변환]이란 것은 이렇게 덧셈으로 합성된 함수에서 덧셈하기 전의 각각의 주파수와 그 크기를 계산해서 알아내는 거야. 이제부터 다룰 푸리에 변환에서는 [주기함수]가 필요하다는 것을 전에도 얘기했을 거야.

🙂 그렇구나…. 그렇지만 왜 그렇게 되는 건데?

😊 그럼, 이유를 생각해 볼까? 지금까지를 보면, 삼각함수(주기나 진폭이 다른 것)를 조합하면 다양한 형태의 파형을 만들어 낼 수 있었잖아. 이 결과, 푸리에 급수로 만들어 낸 것은 결과적으로 [주기함수]가 돼.

🙂 흐음….

😊 예를 들면, $\sin 2x$와 $\sin 3x$와 $\cos x$를 조합하면 기준이 되는 $\sin x$(= 가장 긴 주기를 가지는 삼각함수)에서 한 부분을 잘라낸 주기가 반복되는 [주기함수]가 되는 거야(그림 6-21).

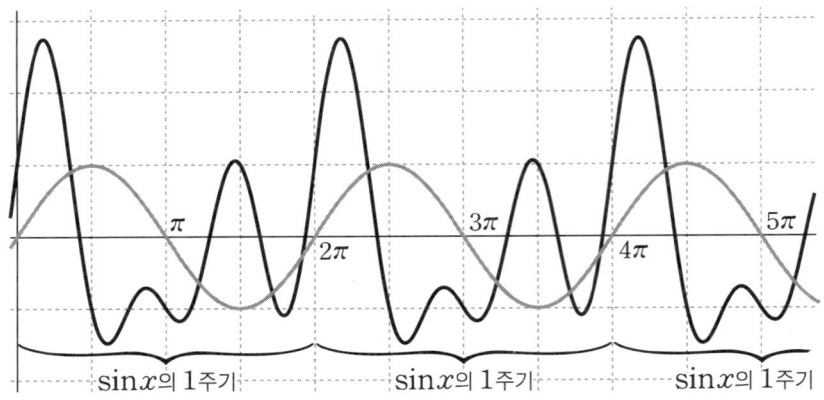

●그림 6-21 $\sin 2x + \sin 3x + \cos x$의 기준은 $\sin x$의 1주기로 한다.

> [푸리에 급수 전개에 의한 합성]과 [푸리에 변환]은 앞뒤 한 몸인 작업이라고 할 수 있어. 푸리에 급수에 의해서 만들어지는 함수가 주기함수일 경우, 푸리에 변환으로 변환된 함수도 주기함수일 수밖에 없어. 푸리에 변환은 한 함수가 어떤 삼각함수들의 조합으로 만들어졌는지를 알아내는 방법이니까, 원래의 함수가 어떠한 형태인지와 가장 긴 주기에 대응하는 [1주기]를 알아내는 거야.

> 오오~. 드디어 이해가 된 것 같아!

> 자연현상의 파형의 대부분은 주기함수가 아니지만, 짧은 시간으로 나누어 그 구간의 범위만을 반복하는 주기적인 현상이라 생각하고 푸리에 변환을 실행하는 거지(그림 6-22).

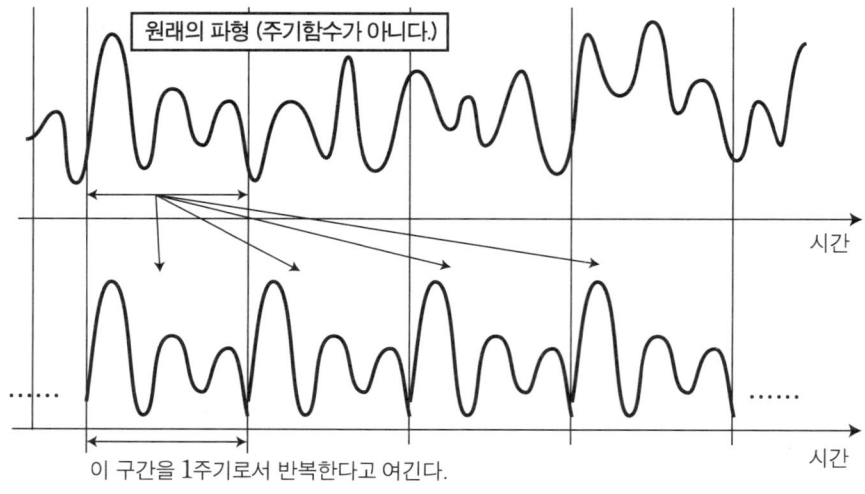

●그림 6-22 복잡한 파형을 주기적인 현상으로 다루는 이미지

🎵 6. 푸리에 변환의 입문 🎵

그런 연유로

삼각함수의 합성을 이용해서 어떻게 여러 종류의 파형을 만들어 낼 수 있는지

설명한 거야.

삼각함수의 주기와 푸리에 계수를 조합해서

다양한 파형을 만들어 낼 수 있다니~!

그 공식이 푸리에 급수…

그~래 ♪

그리고 합성과 변환은 서로 역의 관계를 이루니까

그래… 마치

빛과 그림자처럼 말이지….

…!?

제 6 장 푸리에 변환을 이해하기 위한 준비

제 7 장
푸리에 해석

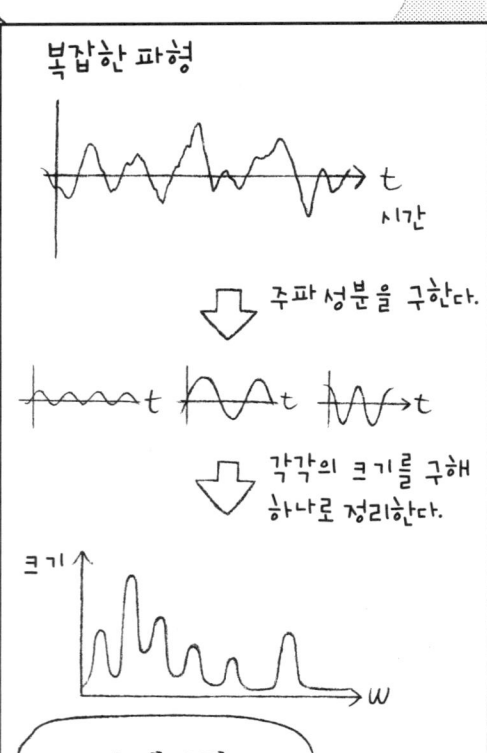

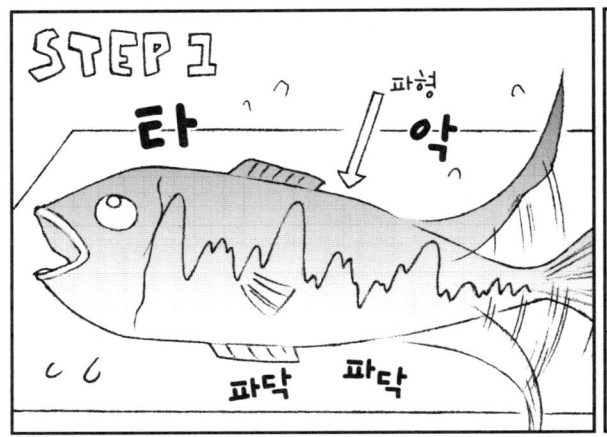

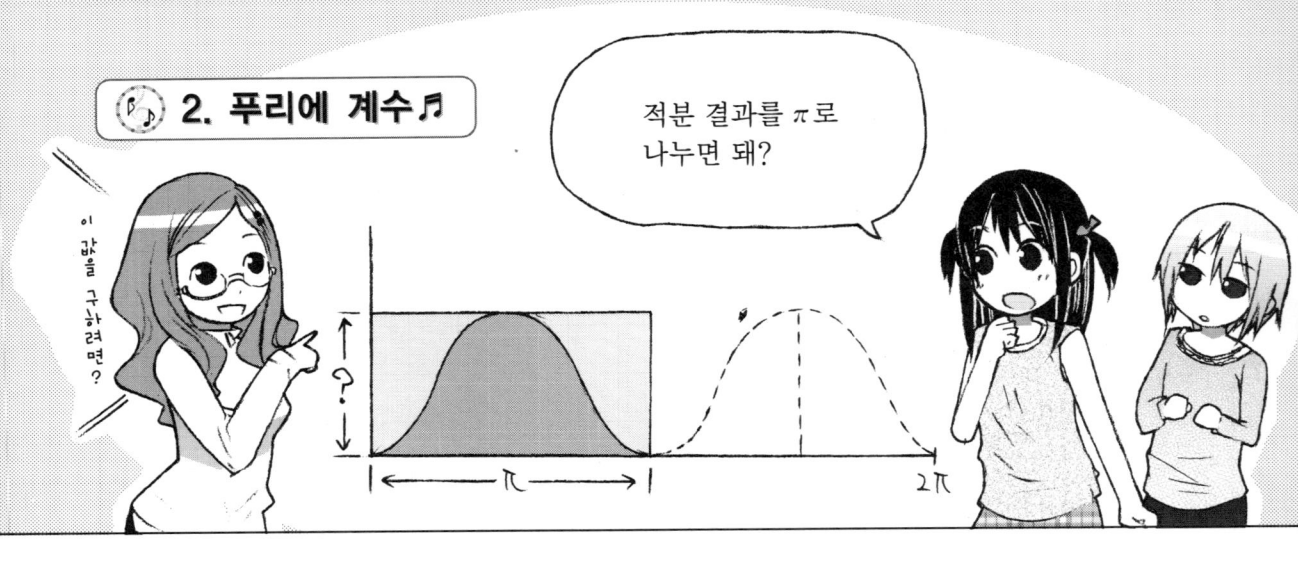

여기에서 [푸리에 급수]를 떠올려 보자. 푸리에 급수란…

$$F(x) = \frac{1}{2}a_0 + a_1\cos x + a_2\cos 2x + a_3\cos 3x + \cdots + a_n\cos nx + \cdots$$
$$+ b_1\sin x + b_2\sin 2x + b_3\sin 3x + \cdots + b_n\sin nx + \cdots$$
$$= \frac{1}{2}a_0 + \sum_{n=1}^{\infty}(a_n\cos nx + b_n\sin nx)$$

라는 것이었지?
또, $F(x)$가 시간 t에 따라 변화하는 함수일 경우에는 $F(t)$라는 표현을 쓰기도 해. 여기에서는 일반적으로 많이 쓰이는 $F(x)$로 부르기로 하자.

언제 봐도 굉장한 식이라니까…. 그래도 모두 이해한 나에게는 조금 감동했지만~.

이 때, [$\cos nx$]나 [$\sin nx$]의 x의 앞에 붙는 n은 [주파수]에 대응하고, sin, cos의 크기를 결정하는 계수는 a_n, b_n이었지. 이 a_0, a_n, b_n을 [푸리에 계수]라고 불러. [푸리에 요리교실]에서 설명했던 [제 3단계]까지의 과정은 푸리에 계수를 구하기 위한 것이었어.

a_0도 푸리에 계수야…?

그래. a_0는 파형 전체의 상하 위치를 정하거든.

푸리에 급수에 푸리에 변환, 푸리에 계수까지…. 헷갈려~!

덤으로 [푸리에 전개] 얘기도 해줄게~!

😖 윽!

🙂 원래의 파형 $F(x)$에서 푸리에 계수에 등장한 a_0, a_n, b_n을 구하는 일을 [푸리에 계수를 구한다]고 해. 이것은 결국 푸리에 요리교실 속에 등장했던 [필터]에 해당하는 작업이라고 할 수 있어.

🙂 주파 성분마다 각각 다른 필터를 사용한다는 얘기였지?

🙂 즉, 수많은 주파 성분으로부터 어떤 특정한 하나를 추출할 수 있는 방법이 있다는 얘기야.

😐 음…. 어떻게 하면 되는 건데?

🙂 여기에서 반드시 기억하고 있어야 할 것은 [함수의 직교]야! 직교하는 관계에 있으면 정적분의 결과, 즉 넓이가 어땠는지 기억나?

🙂 …0.

🙂 맞아! 0이 돼! 즉, 없어진다는 얘기지. 게다가 $\sin nx$나 $\cos nx$도 자기 자신과는 직교하지 않기 때문에 값을 갖는다는 사실도 함께 기억해 둬. 직교관계의 이런 특징을 사용하면 주파 성분의 추출이 가능해!

🙂 오오~! 어떻게?

🙂 우선은 cos의 푸리에 계수 [a_n]에 대해 생각해보자.
$a_n \cos nx$만 남기고 싶은 경우에는, $F(x)$ 전체에 $\cos nx$를 곱해서 정적분을 하면 돼! 그러면 하나의 함수를 남긴 후에는 전부 직교관계에 놓이니까, 적분 결과(넓이)는 0이 되어서 없어져 버리겠지?

🙂 남는 하나의 함수는 $a_n \cos nx$지?

🙂 그렇지! 직교함수 때에도 얘기했듯이 n의 값이 똑같은 cos끼리는 직교하지 않아.
$\sin x \times \sin x$, 즉 $\sin^2 x$도 전에 얘기했듯이,

$$\int_0^{2\pi} \sin nx \sin nx\, dx = \int_0^{2\pi} \frac{1}{2}(1-\cos 2nx)\,dx$$
$$= \frac{1}{2}\left[x - \frac{1}{2n}\sin 2nx\right]_0^{2\pi} = \pi$$

적분 결과는 [π]가 돼.

똑같이 $\cos x \times \cos x$, 즉 $\cos^2 x$의 적분 결과가 [π]가 되는 것도 이미 살펴봤었지. 이것을 그림으로 그려보면 다음과 같아(그림 7-1).

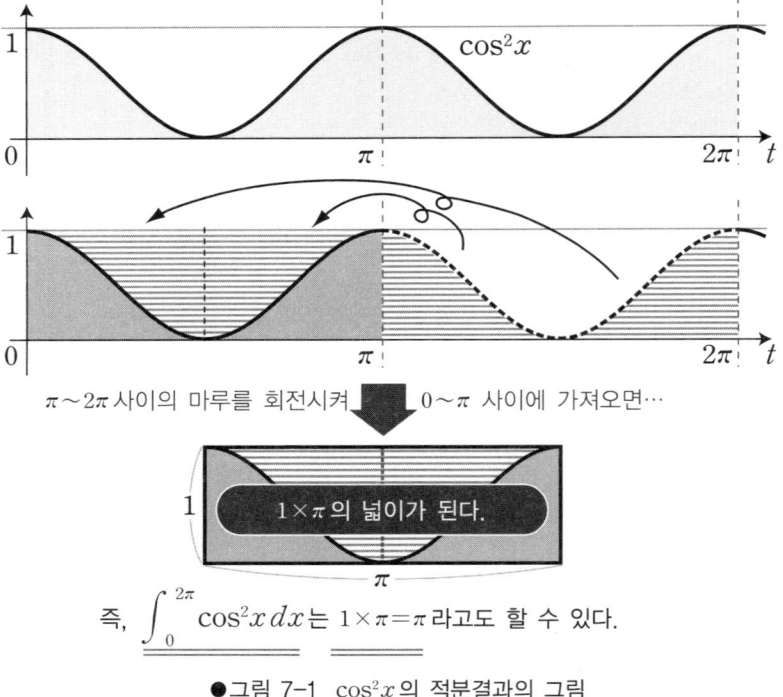

●그림 7-1 $\cos^2 x$의 적분결과의 그림

🙂 오오~! 직사각형으로 만들어 놓고 보니 간단하구나~!!

😊 여기에서 우리들이 구하고 싶은 것은 [a_n]이었잖아. $\cos^2 x$의 경우엔 a_n이 1이니까

$$1 \times \pi = \pi$$

가 돼. 이것을 역으로 생각해보면, a_n을 구하고 싶은 경우엔 넓이를 구하는 적분공식을 π로 나누어 주기만 하면 되는 거야!

🙂 오옷! 눈 앞에서 번개가 치는 것 같아!!

😐 그럴 리가 없잖아.

🙂 그냥 새로운 경지에 도달했다는 말이 하고 싶었을 뿐이라구….

😊 그럼…, 이것을 식으로 나타내면 $\cos nx$의 적분식을 π로 나눈다는 것은 $\frac{1}{\pi}$로 곱하는 것과 마찬가지니까…

$$a_n = \frac{1}{\pi} \int_0^{2\pi} F(x) \cos nx \, dx$$

가 되는 거야!
더욱이, 이것은 sin의 경우에도 똑같다고 할 수 있으니까

$$b_n = \frac{1}{\pi} \int_0^{2\pi} F(x) \sin nx \, dx$$

가 성립한다고 할 수 있어.
이것이 [푸리에 계수]인 거야!

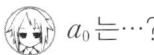 a_0는…?

a_0에 대해서도 생각해보자.
복잡한 파형도 가만히 보면 여러 개의 sin함수와 cos함수의 집합체인 거야. 또한 sin함수와 cos함수의 각각의 넓이는 [0]이었어.

응.

즉, 복잡한 파도의 넓이를 구하면 거의 모든 마루와 골이 지워져 버리는 거지. 그러나 어떤 넓이만큼은 지워지지 않고 남아있어.

그것이 a_0란 말이지?

혜미 말이 맞아! 이것도 그림으로 그려보면 다음과 같아(그림 7-2).

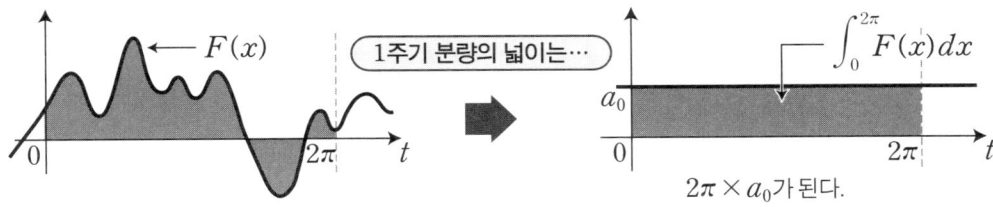

●그림 7-2 복잡한 파형 $F(x)$의 적분결과의 그림

복잡한 파형이라도 넓이는 $2\pi \times a_0$라니, 굉장히 단순하게 나타낼 수 있구나…. 그럼, 이것도 아까와 똑같이 거꾸로 a_n을 알고 싶을 때는 2π로 나누면 되는 거니?

그렇지♪ 2π로 나누지…. 다시 말해서 $\frac{1}{2\pi}$을 곱하면

$$a_0 = \frac{1}{2\pi} \int_0^{2\pi} F(x) \, dx$$

가 되는 거야.
그렇지만! 여기에서 꼭 알아둬야 할 건 [대체 a_0가 뭐지?]라는 거야.

🙂 엥? 그게 무슨 말이야?

🙂 a_0에도 a가 붙어 있는 이상, 역시 cos의 푸리에 계수란 말이지.

🙂 아~ 그렇구나!

🙂 그러니까 a_0를 특별취급하지 않아도

$$a_0 = \frac{1}{\pi} \int_0^{2\pi} F(x) dx$$

라고 말할 수 있다는 거야.

🙂 진짜!!

🙂 그러나

$$a_n = \frac{1}{\pi} \int_0^{2\pi} F(x) \cos nx \, dx$$

에서 $n=0$일 때의 $\cos 0$을 넣어서 계산해보면, 구해지는 답은 a_0의 2배인 $2a_0$야. 그래서 푸리에 급수의 앞에 $\frac{1}{2}$를 붙이는 거야~.

🙂 오~ 그 $\frac{1}{2}$의 정체가 이것이었다니!!!

🙂 이제 조금 자세한 설명으로 들어가서…, 푸리에 급수의 공식도 원래는…

$$F(x) = \underbrace{a_0 \cos 0x}_{n=0\text{일 때}} + \underbrace{a_1 \cos 1x}_{n=1\text{일 때}} + \underbrace{a_2 \cos 2x}_{n=2\text{일 때}} + \cdots$$
$$+ \underbrace{b_0 \sin 0x}_{n=0\text{일 때}} + \underbrace{b_1 \sin 1x}_{n=1\text{일 때}} + \underbrace{b_2 \sin 2x}_{n=2\text{일 때}} + \cdots$$

이야.
그러나 여기에서 $\cos 0x = \cos 0 = 1$, $\sin 0x = \sin 0 = 0$ 이니까

$$F(x) = a_0 + a_1 \cos x + a_2 \cos 2x + \cdots$$
$$+ b_1 \sin x + b_2 \sin 2x + \cdots$$

가 되는 거지.

🙂 어랏? $\frac{1}{2}$은?

이것을 원래대로

$$\begin{cases} a_0 = \frac{1}{2\pi} \int_0^{2\pi} F(x) dx & \text{실은 } \cos 0x = 1 \text{이 곱해져 있는 것이다.} \\ a_n = \frac{1}{\pi} \int_0^{2\pi} F(x) \cos nx \, dx \end{cases}$$

로 봐도 좋겠지만, $\frac{1}{2\pi}$ 과 $\frac{1}{\pi}$ 을 맞춰서 $n=0$ 일 때는 $\frac{1}{2} a_0$ 로 만드는 거야.

과연!

여기서 다시 한번 정리해 보자. 푸리에 계수란

$$a_n = \frac{1}{\pi} \int_0^{2\pi} F(x) \cos nx \, dx$$

$$b_n = \frac{1}{\pi} \int_0^{2\pi} F(x) \sin nx \, dx$$

$$a_0 = \frac{1}{2\pi} \int_0^{2\pi} F(x) dx$$

> a_0 속에 있는 $\frac{1}{2}$ 을 포함하던지, 밖으로 빼던지는 원래의 푸리에 급수를 어떻게 쓰느냐에 달렸다.

의 3개라고 할 수 있어.

이것으로 푸리에 계수는 모두 모인거네!

[푸리에 계수]를 알았으면 [푸리에 요리교실]의 3번째 단계까지는 모두 이해했다고 봐도 좋아. 다음으로 4번째 단계도 살펴보자구~.

4번째 단계는 추출한 주파 성분의 크기를 조사하는 거였지?

여기까지 계속 봐왔듯이 하나의 주파 성분에는 sin 함수의 성분과 cos 함수의 성분이 들어있고, 그것들에 대응하는 푸리에 계수는 b_n 과 a_n 으로 표시하고 있어.
그러나 스펙트럼에서는 각각의 성분의 계수가 아닌 그 주파수 성분의 크기에 주목해야 해.

주파수 성분의 크기…?

여기에서 말하고 있는 크기를 그림으로 그려볼게(그림 7-3).

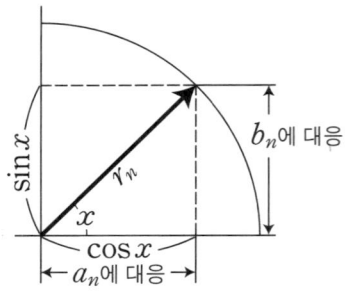

●그림 7-3 주파수 성분의 크기

🙂 삼각형의 높이가 사인함수로 계산한 b_n이고, 밑변은 코사인함수로 계산한 a_n이 되는구나.

🙂 그리고 그 삼각형의 빗변의 길이가 [크기]가 되는 거야.
빗변의 길이는 피타고라스의 정리에서

$$r_n = \sqrt{a_n^2 + b_n^2} \quad (r_n > 0)$$

라고 할 수 있어.

🙂 이것으로 4번째 단계도 계산할 수 있게 되었다!

🙂 그럼 마지막 5번째 단계로 넘어가 볼까? 4번째 단계에서 계산된 r_n을 n이 작은 순서부터 오른쪽으로 일렬로 늘어놓아 그래프로 그린 것이 [스펙트럼]이야. 덧붙여서, 푸리에 변환으로 주파수 분석을 할 경우엔 변수를 시간함수로 생각하기 때문에 변수를 t로 바꿔서 $F(t)$로 쓰기도 해. 이렇게 하면 함수의 변수가 시간인 것을 강하게 나타내주기 때문이야(그림 7-4).

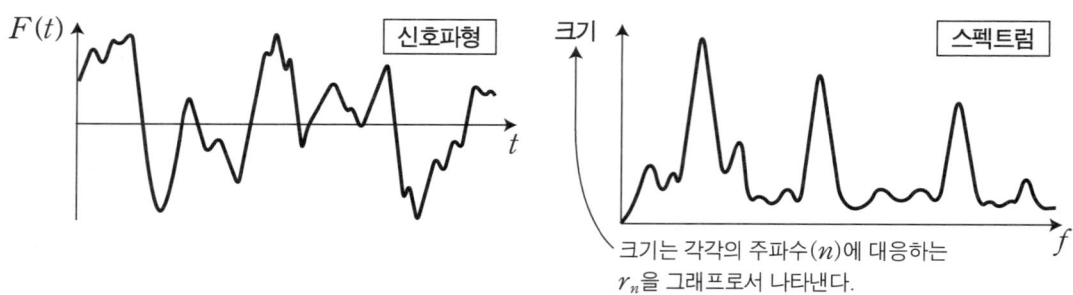

●그림 7-4 신호파형과 스펙트럼 표시

🙂 오오~! 드디어 푸리에 변환을 사용해서 스펙트럼을 구하는 순서를 알게 되었다구!! 원더풀이야~!!!

3. 소리굽쇠의 스펙트럼

🙂 그럼, [푸리에 변환]의 구체적인 방법도 알게 되었으니, 슬슬 실제 스펙트럼을 분석해 보자!

😆 드, 드디어!!! 이 혜미는 감동했다구~!!!

😐 말도 안 되는 거짓말을…?

😮 진짜야! 나는 진짜로 감동했다구!! 푸리에 변환까지 힘들게 힘들게 다 배우게 되었는데 지우는 감동받지 않았다는 거니?

😐 … 나도 감동했어.

😑 그래… 알았어.

😊 나는 두 사람이 여기까지 잘 따라와 준 것에 감동하고 있어!
우선, 실제 스펙트럼을 보기 전에 원래의 파형을 관측하는 방법부터 간단하게 설명할 게.

😊 그래, 맞아. 파형을 봐도 읽을 수 없으면, 스펙트럼을 봐도 소용없을테니.

🙂 그럼 [오실로스코프]를 이용하는 방법을 설명해 줄게. 오실로스코프란 입력된 전기신 호를 화면에 표시해 주는 장치야.
오실로스코프를 사용해서 소리를 파형으로 관측하는 방법을 그림으로 그려보면 이렇 게 돼(그림 7-5).

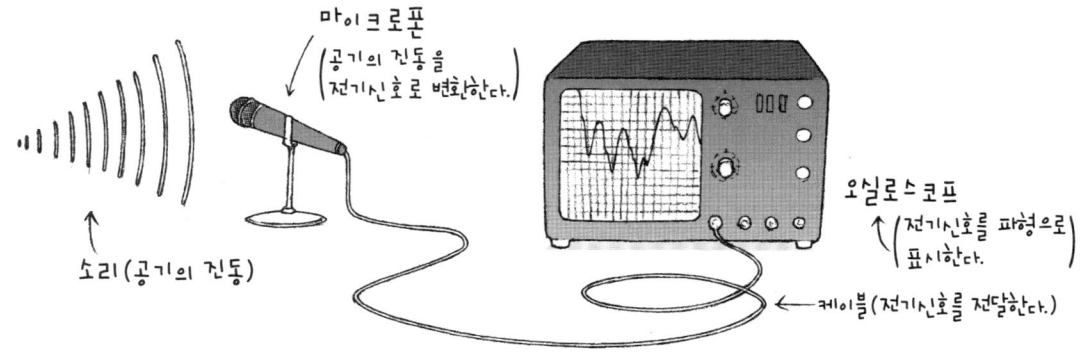

●그림 7-5 오실로스코프로 소리를 파형으로 관측하는 방법

이 그림을 간단하게 설명하면

1. 마이크로폰(마이크)으로 소리(공기의 진동)를 전기신호로 변환한다.
2. 전기신호로 변환된 음은 케이블(전선)을 통해 오실로스코프의 입력단자에 입력된다.
3. 오실로스코프가 전기신호를 좌에서 우로 시간의 진행에 맞춰 화면에 표시한다.

라는 식으로 정리할 수 있어.

과연―! 그럼 각 가정마다 한 대씩은 오실로스코프를 필히 구비해 놔야겠는데!?

… 무슨 말을 하는 거야….

지우가 말하는 대로 오실로스코프를 가지고 있는 집은 거의 없어. 그러니까 우리는 컴퓨터를 사용하면 돼!
어차피 소리를 있는 그대로 스펙트럼 계산을 하고자 할 때에는 컴퓨터를 사용하는 편이 간단하고 효율적이거든. 컴퓨터를 사용해서 파형을 관측할 경우에도, 관측 순서는 오실로스코프의 경우와 거의 비슷해.

보통의 마이크를 사용해서 음을 채집하는 거니?

그렇지. 컴퓨터에는 사운드카드라는 마이크로부터의 신호를 디지털데이터로 변환하는 장치가 내장되어 있거든. 사운드카드는 소리의 재생에도 이용되고 있기 때문에, 최근에 출시되는 컴퓨터에는 거의 모두 이 기능이 표준장치로 내장되어 있어.

🙂 컴퓨터를 사용해서 소리를 파형의 형태로 관측하는 방법은 다음과 같아(그림 7-6).

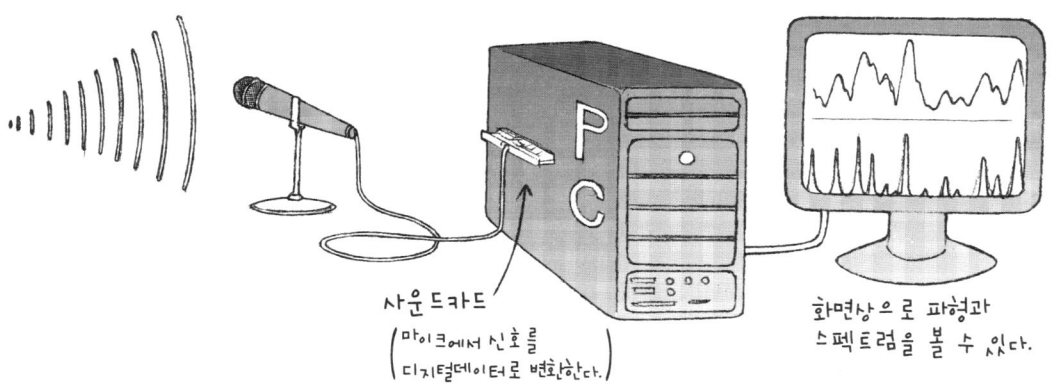

●그림 7-6 컴퓨터로 소리를 파형의 형태로 관측하는 방법

🙂 오실로스코프의 역할을 컴퓨터가 전부 처리하기 때문에 디지털로 변환된 음의 데이터는 컴퓨터의 계산기능을 이용해 [푸리에 변환]도 할 수도 있고, 그래프로 표시해서 스펙트럼까지 관측할 수 있다구~.

😌 음~…. 역시 컴퓨터는 편리하구나. 우리 집에서는 컴퓨터를 인터넷 검색으로만 사용하고 있었는데, 이제부터는 좀 더 유용하게 활용해야겠군.

🙂 컴퓨터를 사용한 스펙트럼 계산의 구체적인 방법은 사용하는 소프트웨어에 따라 달라지기 때문에 여기에서는 다루지 않을 거야. 전에도 얘기했듯이, 전문 소프트웨어를 사용하지 않고 표계산 프로그램인 [Excel]로 해석할 수 있기도 하고 말이야.

😊 응, 맞아!

🙂 그럼 우선, 엄청 기본적인 스펙트럼부터 살펴보기로 하자.

😃 오오~! 그게 뭔데?

🙂 우선은 [소리굽쇠]야! 소리굽쇠에 대해서는 초두에 약간 얘기했었지? (그림 7-7)

제 7 장 푸리에 해석

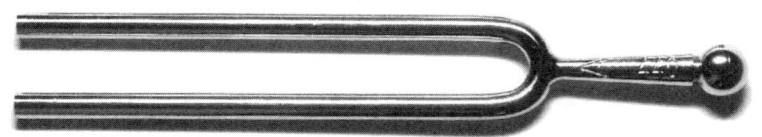

●그림 7-7 악기 조율용 소리굽쇠

🙂 응, 조율(튜닝)에 쓰이는 소리굽쇠말이지? 소리굽쇠를 울리면 [라]음이 나왔었잖아.

🙂 맞아♪ 소리굽쇠를 때려서 손잡이 아래에 있는 동그란 부분을 귀에 대거나 이로 살짝 깨물어 보면 [라]음의 주파수의 기본이 되는 440Hz의 음을 느낄 수 있어.

🙂 [때-앵]하는 느낌의 맑은 소리가 나잖아.

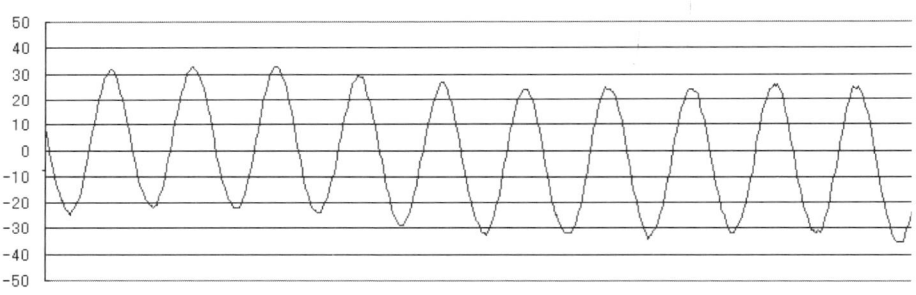

●그림 7-8 소리굽쇠의 파형

🙂 그 음을 컴퓨터를 사용해 분석해보면 이런 파형이 보여(그림 7-8).

🙂 사인함수다!

🙂 사인함수다….

🙂 조금 위아래로 흔들리고는 있지만 멀리서 보면 사인함수 그 자체라고 할 수 있지.

🙂 흠흠, 이 파형에서 스펙트럼을 계산해 보는 거구나.

🙂 응, 그럼 어서 스펙트럼을 살펴보자구(그림 7-9).

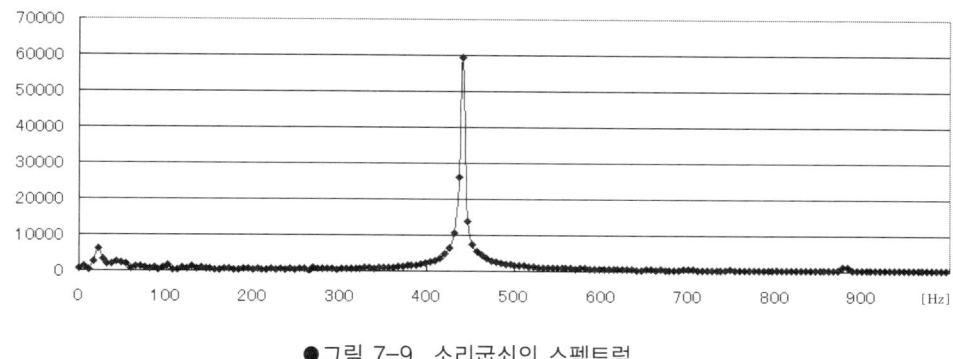

●그림 7-9 소리굽쇠의 스펙트럼

🙂 그래프의 가로축은 주파수를 나타내고 단위는 [Hz(헤르츠)]로 표시하고 있어. 세로축은 스펙트럼의 상대적인 크기를 나타내고 있는 거야.

😄 진짜 440Hz쯤 되는 곳에 큰 산이 생겼어!

🙂 이 스펙트럼으로 우리는 소리굽쇠의 파형이 거의 단일한 주파수로 이루어졌다는 것을 알 수 있는 거야.

😊 응 응!

🙂 이 스펙트럼의 결과를 보면, 약간의 오차는 있겠지만, 귀에 들리는 것은 거의 [단일한 주파수]라는 것을 알 수 있어. 물론 개인차가 있겠지만, 일반적으로 사인함수의 단일한 주파수의 음은 '띵-'이나 '땡-'하는 굉장히 단순한 소리로 들려.
덧붙여 7kHz 이상이 되면 '끼잉-'하는 높은 소리로 들리게 돼.

😄 점점 소리와 스펙트럼의 관계가 밝혀지고 있군…!

🙂 소리굽쇠는 가장 단순한 예라서, 푸리에 해석을 하는 의미가 없을지도 몰라.
다음은 좀 더 복잡한 예를 들어볼게.

제 7 장 푸리에 해석 213

4. 기타의 스펙트럼

🙂 그럼 이번에는 [전기기타(electric guitar)]를 사용해서 실험해보자!

😊 오오! 기타! 기타다!!

😐 …….

🙂 기타는 알다시피, 두께가 다른 6개의 현을 손으로 짚는 위치를 달리하면서 각각의 음계를 만들어 내는 악기야. 한 음씩 튕기면서 멜로디 라인을 연주할 수도 있고 복수의 현을 동시에 튕기면 화음을 만들어 연주할 수도 있지.

😊 맞아!

🙂 우선은 [도(C)]음을 단음으로 울렸을 때를 살펴보자. 음을 분석하기 쉽게 클린 톤으로 쳐줘.

😊 [딩……]

🙂 이런 식의 단순한 하나의 음의 파형(그림 7-10)과 스펙트럼을 살펴보면 다음과 같아.

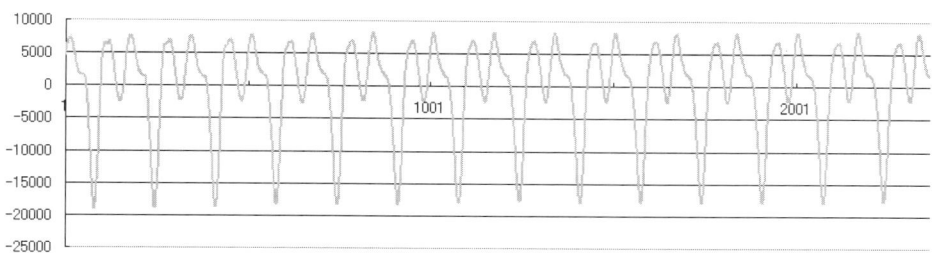
●그림 7-10 기타의 도(C)음의 파형

이 스펙트럼에서 주요한 피크(peak)의 주파수를 기입해보자(그림 7-11).

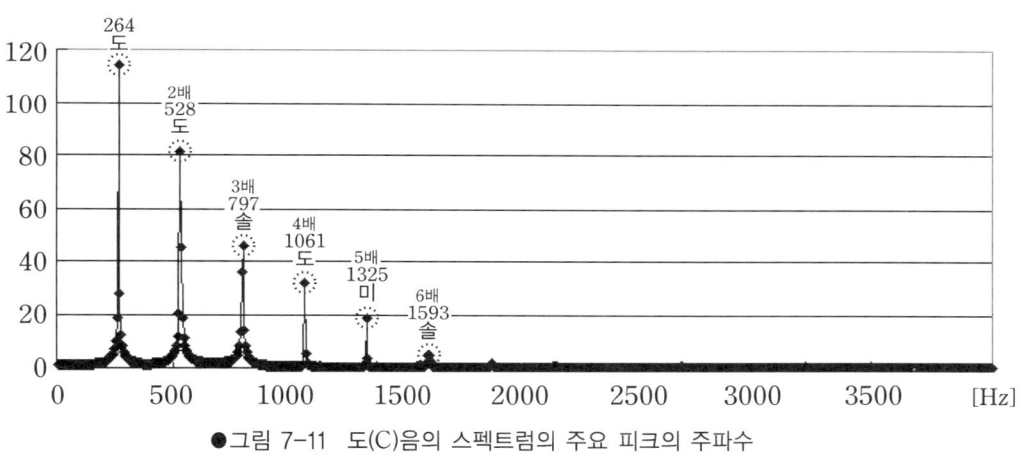
●그림 7-11 도(C)음의 스펙트럼의 주요 피크의 주파수

호오~. 이걸로 뭐를 알 수 있는 건데?

[라]음을 [440Hz]로 정한 것은 [국제기준 주파수]야. [국제기준]에서 [도]음의 주파수는 261.63Hz야. 이 해석결과를 보면 가장 큰 스펙트럼이 약 264Hz로 나타나고 있으니까 국제기준과 비교했을 때 조율이 조금 높게 됐는지도 모르겠지만 비교적 음정이 잘 맞는다고 할 수 있어.

오오~. 항상 아무 생각없이 하고 있었던 조율을 이런 식으로 살펴보니 신선한데?

또, 그 다음으로 큰 스펙트럼을 가지는 주파수를 순서대로 살펴보면, 528Hz, 797Hz, 1061Hz, 1325Hz, 1593Hz, 즉 원래의 [도]음의 주파수의 약 2배, 3배, 4배, …로, 주파수의 피크가 있어서 그 크기는 주파수가 높아져감에 따라 점점 작아지고 있어. 이런 스펙트럼의 관계는 전에 봤었던 [톱니파]와 많이 닮았지? 기준이 되는 음(주파수) [도]의 고조파가 짝수 배, 홀수 배가 되었기 때문이야.

🙁 고조파가 뭔데?

🙂 기준이 되는 주파수의 2배 이상의 정수배의 파형을 말해.

🙂 그렇구나. 음의 특징을 수치로 정확하게 나타낼 수 있는 거구나~.

🙂 다음은 [도(C)], [미(E)], [솔(G)]의 음을 동시에 쳐봐.

🙂 C major를 쳐보란 말이지?

[쟝─]

🙂 이 때의 파형은 어떻게 될 것 같아? (그림 7-12)

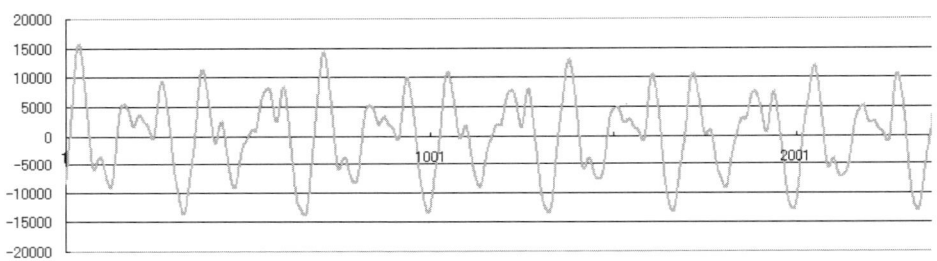

●그림 7-12 기타의 도(C), 미(E), 솔(G) 화음의 파형

🙂 오오~. 아까의 파형과 비교하면 꽤 복잡해졌는데?

🙂 이것도 주요 주파수의 피크를 입력해 볼게(그림 7-13).

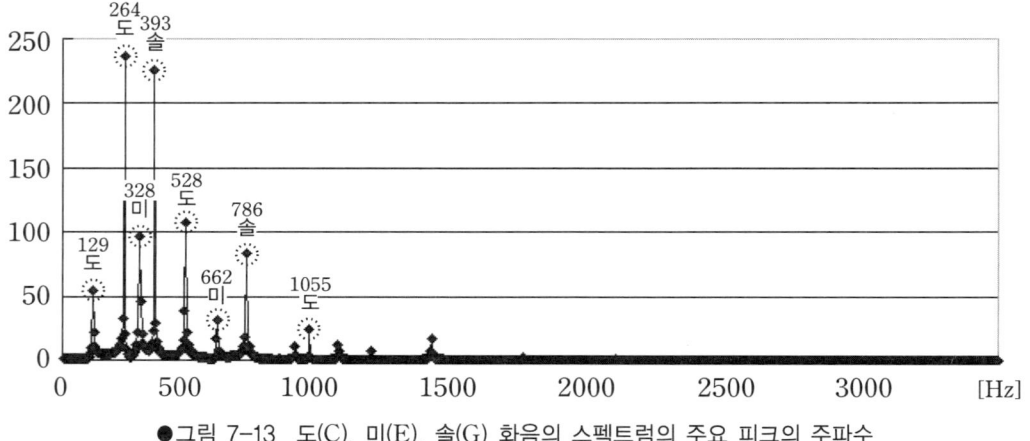

●그림 7-13 도(C), 미(E), 솔(G) 화음의 스펙트럼의 주요 피크의 주파수

🙂 이번에는 어떤 특징이 나타나고 있어?

🙂 도, 미, 솔의 기준이 되는 음을 확실하게 알 수 있어. 그러나 재밌는 것은 [도] 음의 고조파의 비율이 단음으로 쳤을 때보다 급격하게 작아진 것이 보인다는 거야. 화음을 치면 하나하나의 기준이 되는 음의 고조파를 만들어내는 힘이 화음을 합성하는 힘으로 옮겨가기 때문이지.

🙂 헤에~ 신기하다~!!

🙂 조그만 더, 화음과 그 스펙트럼에 대해서 설명할게. 도, 미, 솔을 동시에 쳤는데도 미의 스펙트럼이 도나 솔의 음과 비교했을 때 작은 이유는 무엇일까?

🙂 글쎄~!?

🙂 건반악기나 기타같이 플랫(flat)이 붙는 음을 연주할 수 있는 악기는 [평균율]이란 조율을 하지. 즉, 1옥타브(주파수의 비로 1:2)를 12음으로 나누어서 그 사이에 음의 주파수의 비율을 똑같은 간격으로 맞추는 거야. 이 비율은 2의 12제곱근이야. 왜냐하면 12번 같은 값을 곱해서 2(1옥타브)가 되어야 하기 때문이야. 이 때, 바로 옆에 있는 음과의 관계를 [반음]이라고 불러(그림 7-14).

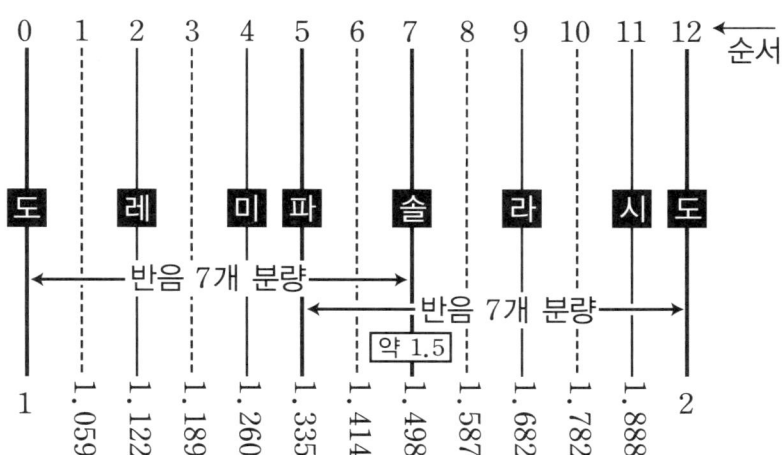

평균율에서는 1옥타브를 12음계로 나눠, 각각의 한 단계씩을 반음이라 부르고, 그 주파수비를 $\sqrt[12]{2}$ 으로 한다.
(모든 반음의 주파수비를 같게 하기 때문에 [12음계 평균율]이라고 부른다.) ($\sqrt[12]{2} = 1.059463\cdots$)

●그림 7-14 평균율에서의 [반음]의 이미지

🙂 헤에~.

🙂 그러면, 도와 그 위의 솔의 주파수의 비는 약 $1:1.5$, 바꿔서 말하면 $2:3$이 되는 거야. 이것은 반음 7개 분량이 되겠지? 이런 간단한 정수비로 나타나는 주파수의 관계에 있는 음들은 서로 강하게 어울리는 성질을 가지고 있어. 여하튼 [도와 미]의 주파수의 비는 대략 $6:7$, [미와 솔]의 주파수의 비는 약 $7:9$야. 이런 비는 간단한 정수비이기도 하고, $2:3$에 비교하면 약간 복잡하기도 하지. 소리는 이 주파수의 비가 단순할수록 보다 강하게 합쳐진다고 할 수 있어.

🙂 그래서 도, 미, 솔이란 화음에서는 미의 음이 조금 작아지는 거구나?

🙂 그렇지. 단, 비교적 작다고 해도 중요한 스펙트럼 성분인 사실은 변하지 않으니까 주의해. 이것을 화음에 의한 음의 두께라고 부르기도 해.

🙂 보통 아무 생각도 하지 않았던 음의 두께도, 푸리에 해석을 하니까 수학적으로 납득할 수 있고 직접 눈으로도 확인할 수 있구나!!

5. 사람의 목소리의 스펙트럼

마지막으로 사람의 목소리에 대해서 공부해보자!

오오! 드디어…!!

우선 그 전에 발성의 매커니즘에 대해 간단하게 설명할게. 코나 입을 통해 들어간 공기는 기도를 거쳐 폐까지 들어가지. 기도의 가장 윗부분에는 공기가 통과하면 미세하게 진동하는 [성대]라고 하는 기관이 있어(그림 7-15).

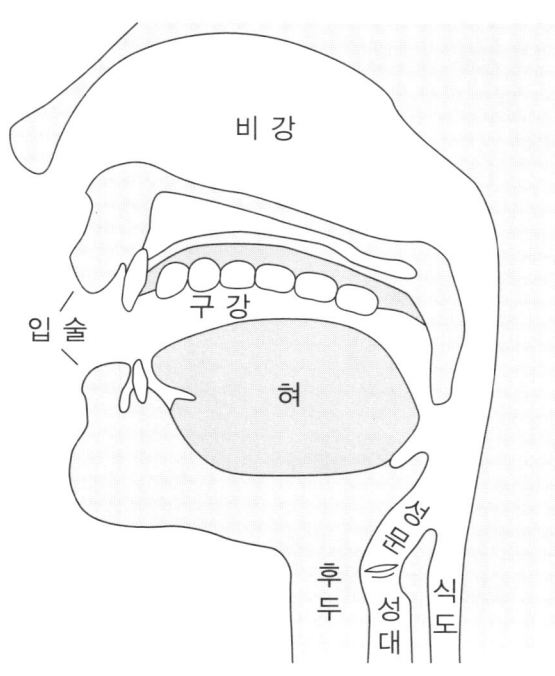

●그림 7-15 발성기관

제 7 장 푸리에 해석

[성대]라는 건 들어본 적 있어!

성대에는 크기나 두께 등 개인차가 있어서, 성대의 차이나 호흡할 때의 공기의 밀도에 따라 진동하는 주기도 달라져. 여기에서 만들어진 기본 진동은 [톱니파]에 가까운 파형으로 다양한 주파수 성분을 가지고 있지.

헤에~.

입 안에서 위턱과 아래턱, 혀 또는 입술의 위치나 모양에 따라 공동(空洞)의 모양이 변하거든. 그러면, 그것을 통과하는 공기의 흐름이 변화하거나 코로 빠져나가는 공기의 흐름이 변화하게 돼.

꽤 복잡하구나….

성대에서 진동한 여러 가지 주파수 성분을 가진 공기의 진동은 구강이나 비강을 통과할 때, 그 모양에 따라 주파수 성분에 여러 가지 특징짓는 역할을 하는 거지. 즉, 구강이나 비강이 [필터]의 역할을 하는 거야. 그 결과 사람들은 다양한 [목소리]나 [소리]를 낼 수 있어.

성대만으로 타악기같은 소리를 내는 [비트박스(beat box)]같은 것도 있잖아.

[비트박스]에서는 [무성음]을 어떻게 사용하느냐가 관건이야. 성대를 진동시켜서 내는 목소리를 [유성음]이라 부르는데, [무성음]은 성대를 진동시키지 않고 날숨만으로 발성하는 목소리를 말해.

영어시간에 선생님이 말하던 무성음이 바로 이거였구나….

유성음과 무성음은 구강과 비강의 모양에 의해 다양한 발음을 만들어. 구강과 비강에 따라 다양한 모양을 만들어 내니까 목소리에 개인차가 생기는 거야.

자, 그럼 그 형태가 닮으면 목소리도 닮는 거야?

그렇지♪ 특히 부자간에 목소리의 특징이 비슷한 경우가 많이 있는데, 이것은 유전적으로 얼굴의 골격이 비슷하기 때문이야. 때문에 서양의 영화를 우리나라 말로 더빙을 할 때 배우와 얼굴의 특징이 비슷한 성우를 쓰는 경우도 있대. 이것도 얼굴의 골격이 목소리의 특징과 결부되기 때문이지.

헤에~♪

🙂 단, 모음이나 자음의 기본적인 스펙트럼의 패턴은 개인차에 의존하지 않는 부분이 있어서, 그 덕분에 우리는 대화를 할 수 있는거야.

🙂 분명, 처음부터 끝까지 제각각이라면 얘기가 안 통하겠지~.

🙂 혜미는 그러지 않아도 얘기가 통하지 않을 때가….

🙂 뭐라고오오!

🙂 다들 진정해… 그럼, 빨리 모음의 스펙트럼의 그래프와 파형을 살펴보자! 우선은 [아~!] (그림 7-16).

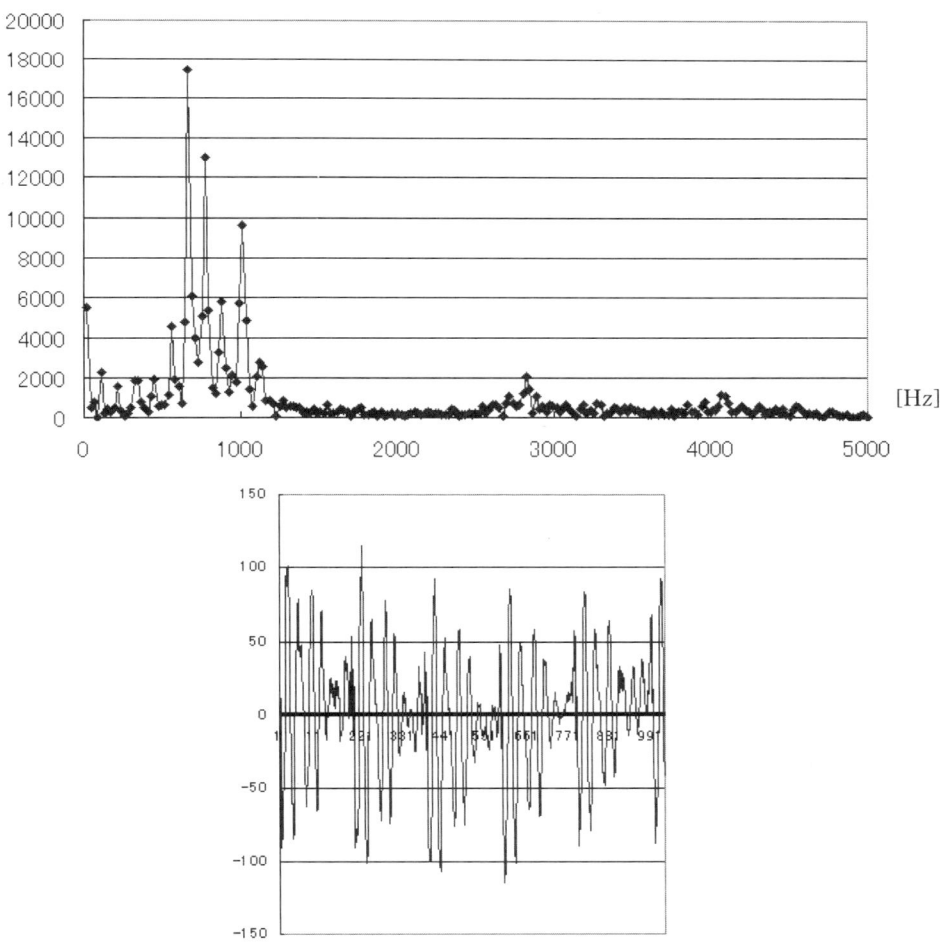

●그림 7-16 [아(ア)]의 스펙트럼과 파형

🙂 이것이 [아]의 스펙트럼이구나!

🙂 [아]는 입을 크게 벌리고 구강을 넓힌 형태를 이루고 발성을 해. 공간이 넓으면 높은 주파수 성분이 공명하기 어렵기 때문에, 스펙트럼을 보면 낮은 주파수 성분에 집중되어 있는 것을 확인할 수 있어. 그럼 다음엔 [이~!] (그림 7-17).

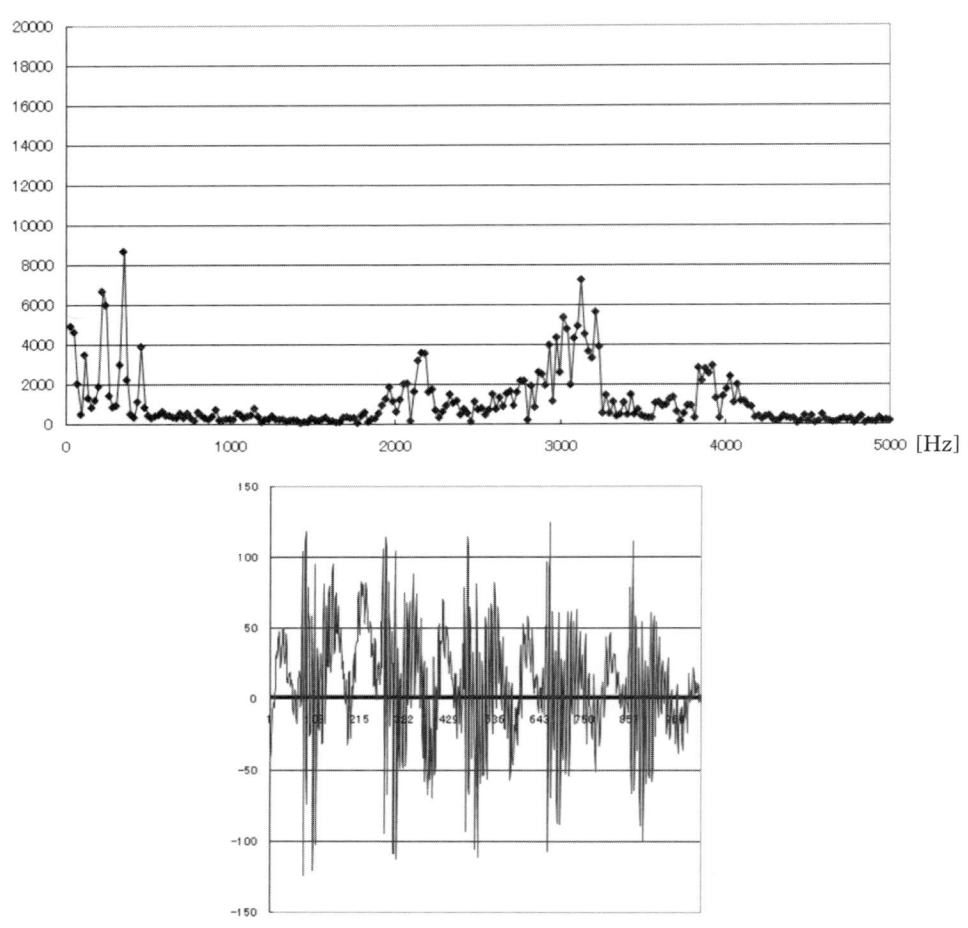

●그림 7-17 [이(イ)]의 스펙트럼과 파형

🙂 이~런 스펙트럼이 되는구나!

🙂 뭐라고?

🙂 이~런게 이~라고!!

🙂 엑…. 지금, 혜미가 [이~]라고 말할 때의 입의 모양을 봐봐. 입술을 좌우로 잡아 늘려 위아래로 좁은 형태가 되었지? 이 때, 구강 전체가 얇고 넓게 퍼져서 낮은 공명이 이루어지는 거야. 그럼 [아~]할 때보다도 위턱의 안 쪽에서 [들들들]하는 진동이 더 잘 느껴질 거야.

🙂 느껴졌어…?

🙂 니가 직접 해봐!

🙂 뭐, 의식하지 않으면 느껴지지 않을 정도의 진동이긴 하지만…. 이 진동은 높은 주파수 성분의 공명과도 관련이 있거든. 스펙트럼은 높은 주파수 성분에까지 퍼져 있고, 파형은 얇은 진동들이 많이 겹쳐져 있는 것을 알 수 있어.

그럼, 다음은 [우~!] (그림 7-18).

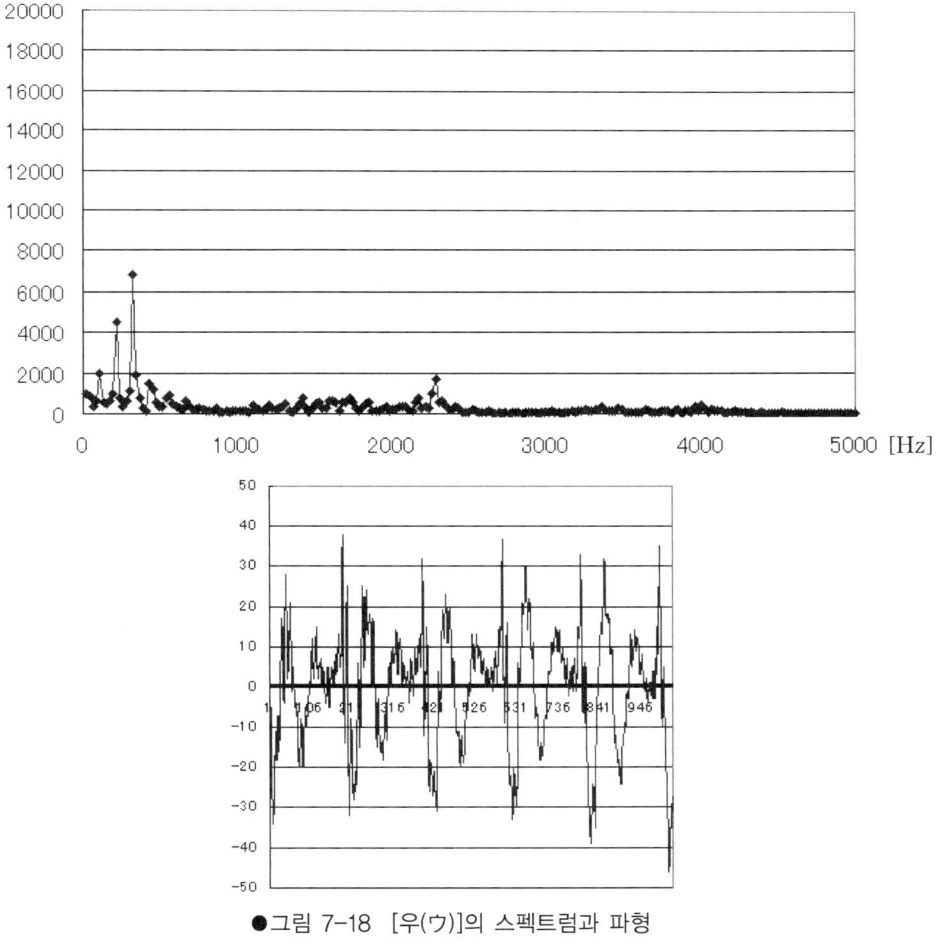

●그림 7-18 [우(ウ)]의 스펙트럼과 파형

제 7 장 푸리에 해석　**223**

 우우….

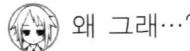 왜 그래…?

 그냥 한번 말해본 거야.

 일본어의 [우]는 입 전체를 다무는 모양으로 발음이 돼. 때문에 분명하지 못한 소리가 되어 버리지. 스펙트럼은 여러 모음 중에서도 가장 낮은 주파수 성분만이 추출된다구. 그럼, 다음은 [에~!] (그림 7-19).

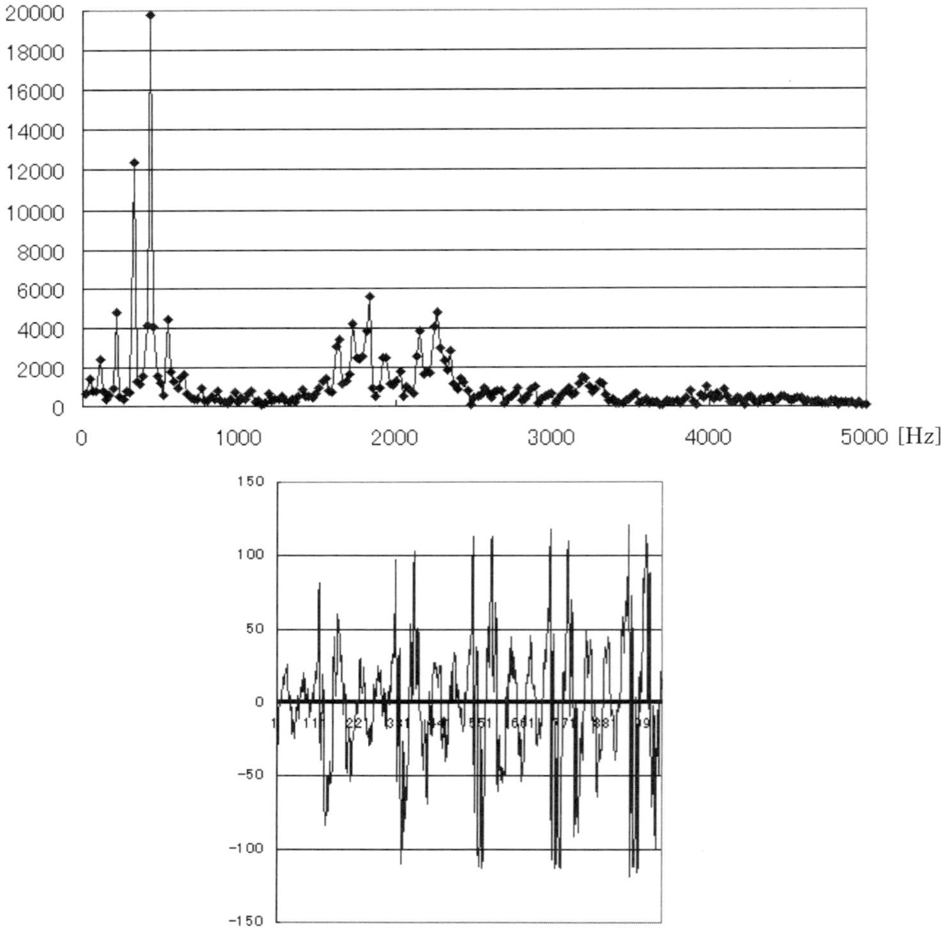

●그림 7-19 [에(エ)]의 스펙트럼과 파형

 … 에?

아~! 내가 먼저 말하려고 했었는데….

[에]는 [이]보다도 입이 위아래로 더 벌려지지만, 역시 좌우로 늘려져서 윗턱이 낮아지기 때문에 높은 주파수 성분이 발생돼. 그러나 주파수 성분의 중심부는 [이]보다도 낮은 곳에 있는 것을 알 수 있어.

마지막은 [오~!] (그림 7-20).

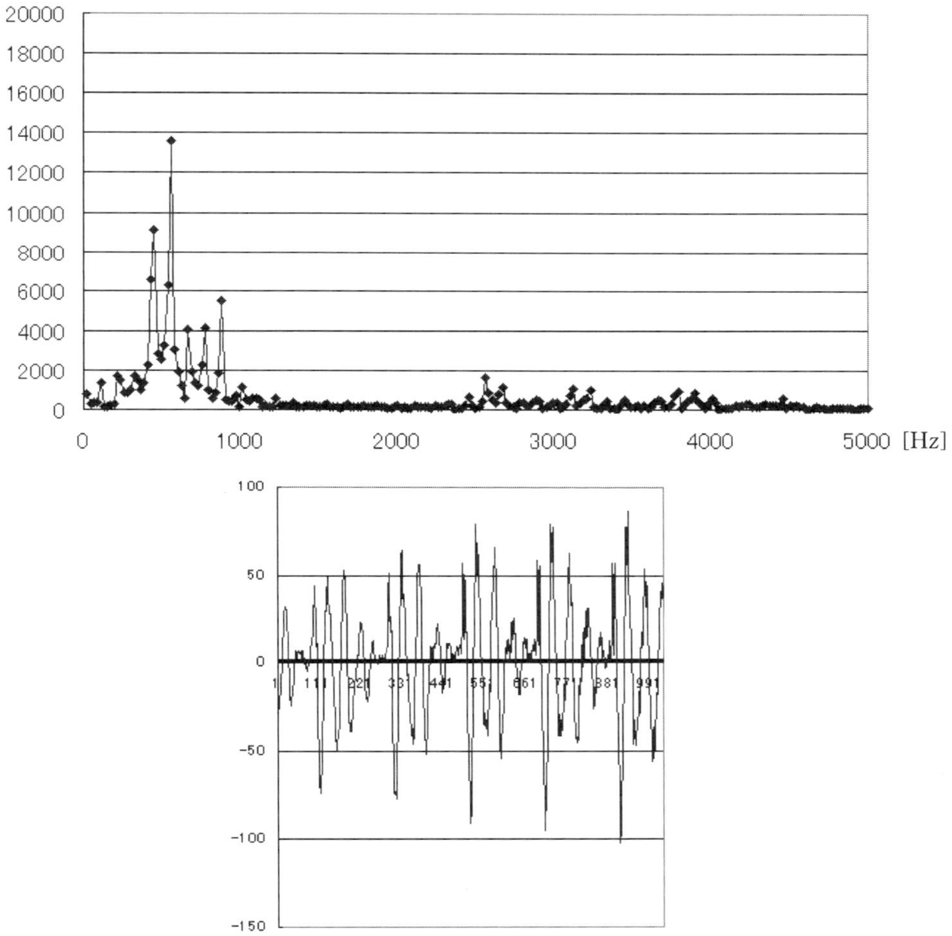

●그림 7-20 [오(オ)]의 스펙트럼과 파형

 오오!

 ….

…….

둘 사이가 좋아졌네 ♪
[오]는 [아]와 입모양이 비슷해. [아~]라고 말하면서 점점 [오~]로 변화시켜가면, [아]에서 다른 모음으로 변화시키는 것보다는 간단하게 [오]에 가까워지는 것을 체험할 수 있을 거야.

6. Sweet Voice ♫

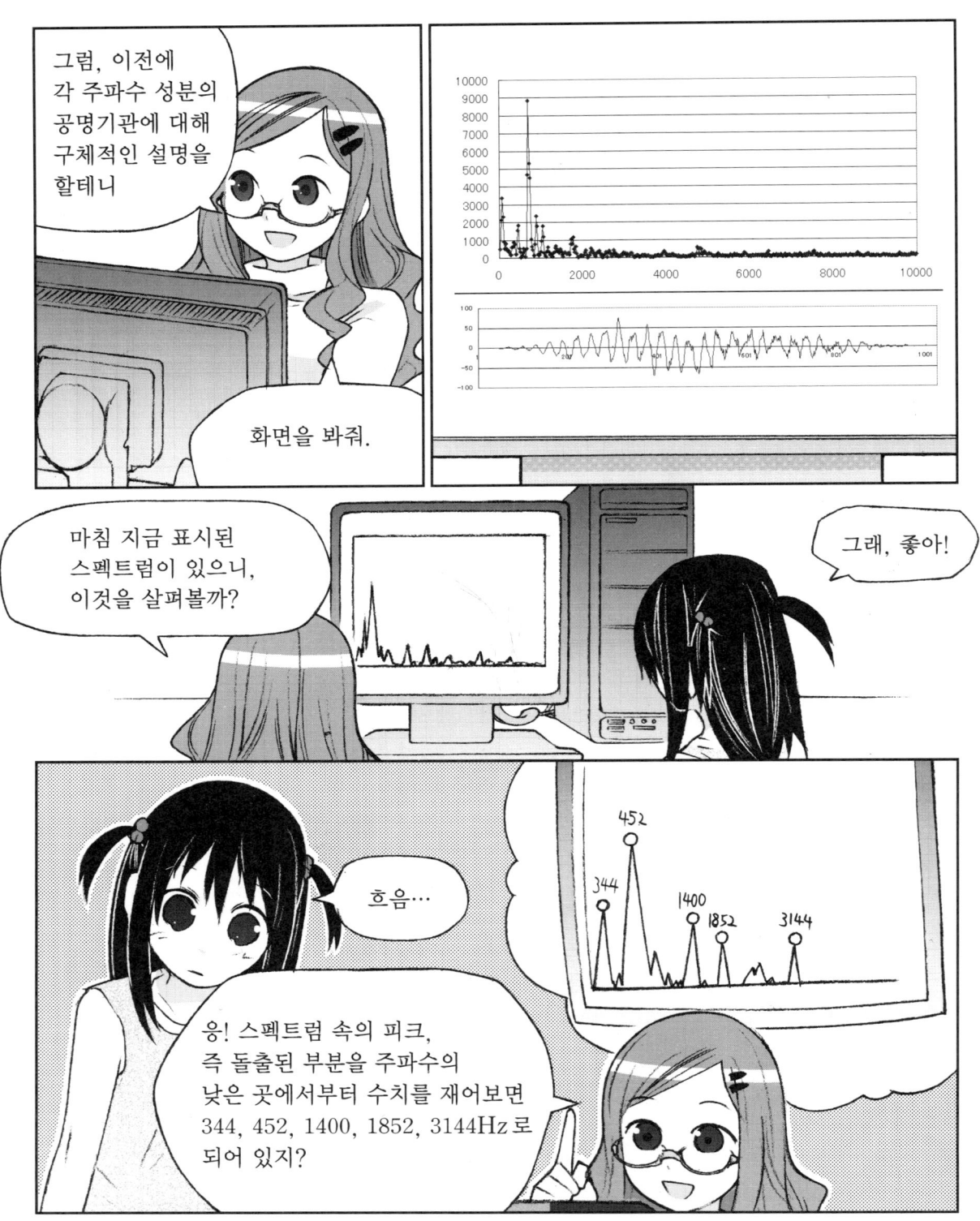

부록
푸리에 급수의
대수로의 응용 예

■ 무한급수의 합을 구하는 예

여기에서는 푸리에 급수를 이용하여, 무한급수의 합을 구해보기로 한다.

$$\sin x + \frac{1}{3}\sin 3x + \frac{1}{5}\sin 5x + \frac{1}{7}\sin 7x + \cdots$$

라는 급수의 합이

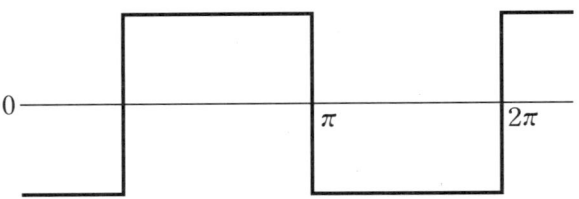

라는 형태의 함수가 되는 것에 대해선 제 6 장 푸리에 급수 부분에서 제시하였다.
그 때에는 진폭에 대해서는 자세히 다루지 않았다.
여기에서는 함수의 형태를 확실히 정하여, 푸리에 계수를 구해보도록 하겠다.
그리하면

$$1 - \frac{1}{3} + \frac{1}{5} - \frac{1}{7} + \frac{1}{9} - \cdots = \frac{\pi}{4}$$

라는 무한급수의 합을 구할 수 있다.

■ 절차 1-1

그럼, 서둘러 다음에 제시된 함수의 푸리에 계수를 구해보도록 하자.

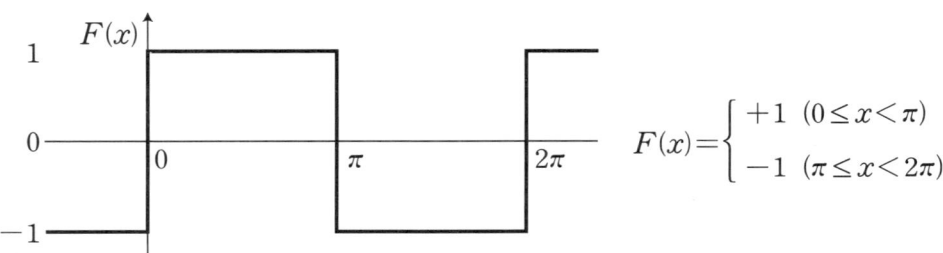

우선 a_0는

$$a_0 = \frac{1}{2\pi}\int_0^{2\pi} F(x)dx$$
$$= \frac{1}{2\pi}\left(\int_0^{\pi} F(x)dx + \int_{\pi}^{2\pi} F(x)dx\right)$$ ←── 0~2π의 구간을 두 개로 분할하여
$$= \frac{1}{2\pi}\left(\int_0^{\pi} 1\,dx + \int_{\pi}^{2\pi}(-1)dx\right)$$ ←── $F(x)$를 대입한다.
$$= \frac{1}{2\pi}\left(\left[x\right]_0^{\pi} - \left[x\right]_{\pi}^{2\pi}\right) = \frac{1}{\pi}(\pi - 0 - 2\pi + \pi)$$
$$= 0$$

이 된다.
원래의 $F(x)$의 모양을 그려보면

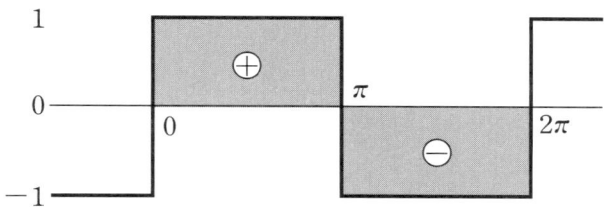

⊕와 ⊖의 부분의 넓이가 같기 때문에 당연히 "0"의 값을 갖는 것을 알 수 있다.

■ 절차 1-2

그럼 a_n 항은 어떻게 될까?
제 7 장을 통해 a_n 항은 $F(x)$와 $\cos nx$를 곱해서 적분을 구하는 것을 언급했었다.
예를 들어,

$$a_1 = \frac{1}{\pi}\int_0^{2\pi} F(x)\cos x\,dx$$

를 계산하기 전에 그래프 위에 나타내보기로 하자.
이와 같이 ⊕의 부분과 ⊖의 부분의 넓이는 같아 상쇄되고 있다. 그럼 a_2는 어떨까? 이것도 그래프 상에 옮기면

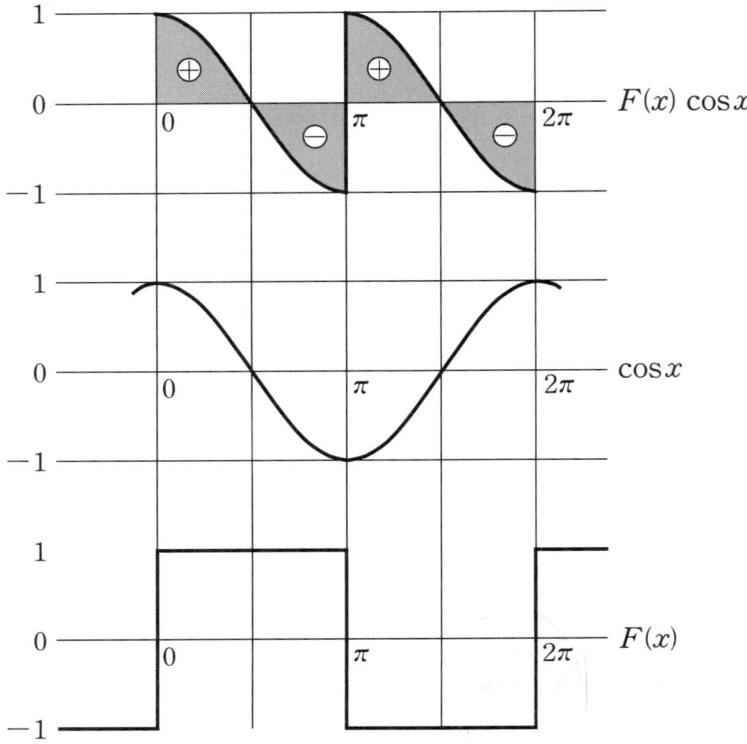

가 되어 ⊕부분과 ⊖부분의 넓이가 상쇄되어 없어진다.

똑같이 a_2 이후의 a_n에 대해서도 ⊕부분과 ⊖부분이 상쇄되어, 모든 a_n의 합은 "0"이 된다는 것을 직감적으로 알 수 있다.

그럼 b_n을 b_1부터 가볍게 계산해보도록 하자.

$$b_1 = \frac{1}{\pi} \int_0^{2\pi} F(x) \sin x \, dx$$

$$= \frac{1}{\pi} \left\{ \int_0^{\pi} \sin x \, dx + \int_{\pi}^{2\pi} (-\sin x) dx \right\}$$

$$= \frac{1}{\pi} \left(\left[-\cos x \right]_0^{\pi} + \left[\cos x \right]_{\pi}^{2\pi} \right)$$

$$= \frac{1}{\pi} \{(1+1) + (1+1)\}$$

$$= \frac{4}{\pi}$$

즉, $b_1 = \dfrac{4}{\pi}$가 된다.

■ 절차 1-3

다음으로 b_2를 계산해 보자.

$$\begin{aligned}
b_2 &= \frac{1}{\pi} \int_0^{2\pi} F(x) \sin 2x \, dx \\
&= \frac{1}{\pi} \left\{ \int_0^{\pi} \sin 2x \, dx + \int_{\pi}^{2\pi} (-\sin 2x) \, dx \right\} \\
&= \frac{1}{\pi} \left(\left[-\frac{1}{2} \cos 2x \right]_0^{\pi} + \left[\frac{1}{2} \cos 2x \right]_{\pi}^{2\pi} \right) \\
&= \frac{1}{2\pi} (-1 + 1 + 1 - 1) \\
&= 0
\end{aligned}$$

즉, $b_2 = 0$이 된다. 그래프를 통해 보면 훨씬 더 직감적으로 알 수 있다.

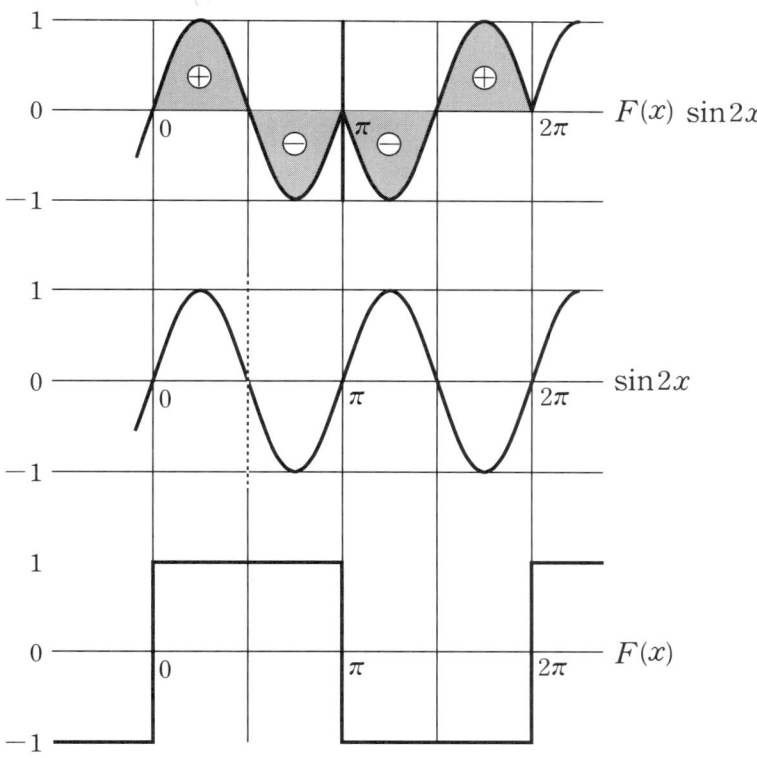

이처럼 ⊕부분과 ⊖부분의 넓이가 같아 상쇄된다.

n이 짝수일 경우에는

$$b_n = \int_0^{2\pi} F(x)\sin nx\, dx = 0$$

이 되는 것은 아래의 그래프를 보면 분명해진다.
$n = 2, 4, 6, \cdots$ 일 때

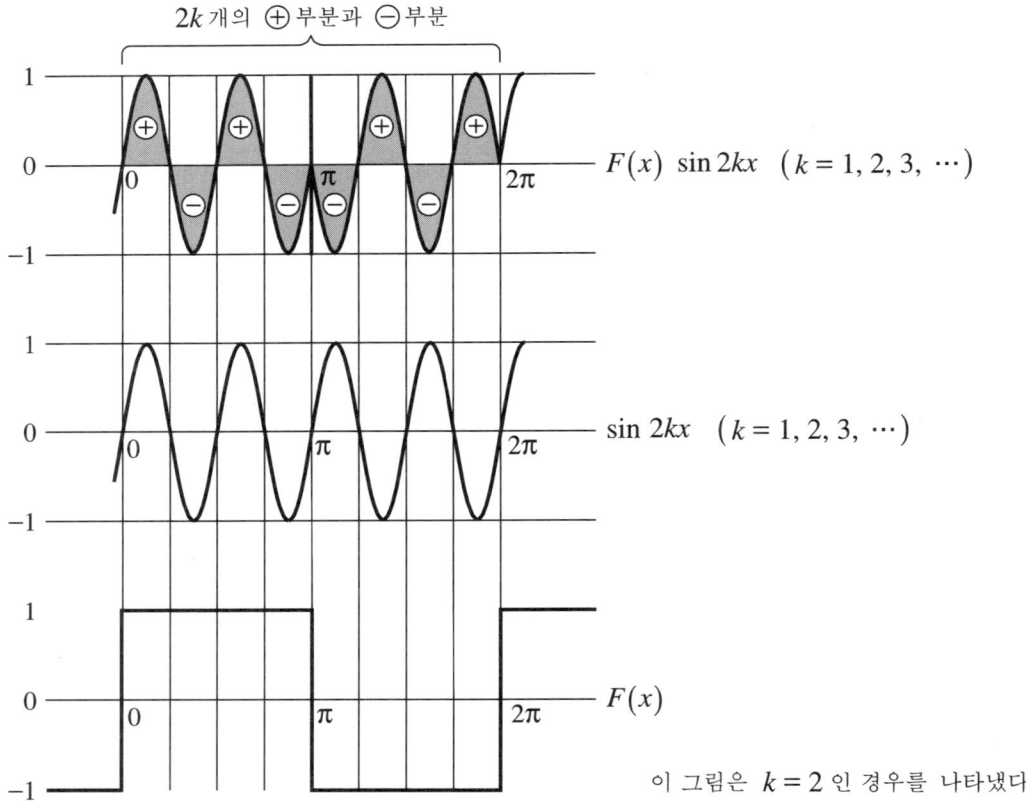

이 그림은 $k = 2$인 경우를 나타냈다.

그럼 n이 홀수일 경우에, $n = 3, 5, 7, \cdots$ 은 어떻게 될까. 좀 더 계산해보기로 하자. 계속해서 b_3을 구해보면

$$b_3 = \frac{1}{\pi} \int_0^{2\pi} F(x) \sin 3x \, dx$$

$$= \frac{1}{\pi} \left\{ \int_0^{\pi} \sin 3x \, dx + \int_{\pi}^{2\pi} (-\sin 3x) \, dx \right\}$$

$$= \frac{1}{\pi} \left(\frac{1}{3} \left[-\cos 3x \right]_0^{\pi} + \frac{1}{3} \left[\cos 3x \right]_0^{2\pi} \right)$$

$$= \frac{1}{3\pi} (1+1+1+1)$$

$$= \frac{1}{3} \cdot \frac{4}{\pi}$$

가 된다.
같은 방식으로 계산하면, n이 홀수일 때에는

$$b_n = \frac{1}{n} \cdot \frac{4}{\pi}$$

가 되는 것을 알 수 있다.
이것으로 모든 푸리에 계수를 계산할 수 있다.

■ 절차 2

이제까지의 계수를 이용하면

$$F(x) = \frac{4}{\pi} \left(\sin x + \frac{1}{3} \sin 3x + \frac{1}{5} \sin 5x + \sin 7x + \cdots \right)$$

와 같이 푸리에 급수로 나타낼 수 있다는 것을 알 수 있다.
이것을 Σ를 사용해 나타내면

$$F(x) = \frac{4}{\pi} \sum_{n=1}^{\infty} \frac{1}{n} \sin nx \, (단, n은 홀수)$$

가 된다.
이 때, n은 홀수라는 단서를 붙이는 것을 수학적인 표기방법이라 할 수 없기 때문에

$$n = 2m+1 (단, m=0, 1, 2 \cdots)$$

로 놓으면

$$F(x) = \frac{\pi}{4} \sum_{m=0}^{\infty} \frac{1}{2m+1} \sin(2m+1)x$$

이라고 정리할 수 있다.

■ 순서 3

$$\sin\frac{\pi}{2} = 1,\ \sin\frac{3\pi}{2} = -1,\ \sin\frac{5\pi}{2} = 1,\ \cdots$$

라는 것에 주목하여 x에 $\frac{\pi}{2}$를 대입하면

$$\begin{aligned} F\left(\frac{\pi}{2}\right) &= \frac{4}{\pi} \sum_{m=0}^{\infty} \frac{1}{2m+1} \sin\frac{2m+1}{2}\pi \\ &= \frac{4}{\pi} \sum_{m=0}^{\infty} \frac{1}{2m+1}(-1)^m \\ &= \frac{4}{\pi}\left\{1 + \underbrace{\frac{1}{3}(-1)}_{m=0\text{일 때}} + \underbrace{\frac{1}{5}(-1)^2}_{m=1\text{일 때}} + \underbrace{\frac{1}{7}(-1)^3}_{m=2\text{일 때}} + \cdots\right\} \\ &= \frac{4}{\pi}\left(1 - \frac{1}{3} + \frac{1}{5} - \frac{1}{7} + \frac{1}{9} - \cdots\right) \end{aligned}$$

이 된다.
또, 원래의 $F(x)$의 그래프에서

$$F\left(\frac{\pi}{2}\right) = 1$$

이므로 이것으로 인해

$$1 = \frac{4}{\pi}\left(1 - \frac{1}{3} + \frac{1}{5} - \frac{1}{7} + \frac{1}{9} - \cdots\right)$$

가 된다. 양변에 $\frac{\pi}{4}$를 곱해 좌변과 우변을 정리하면

$$1 - \frac{1}{3} + \frac{1}{5} - \frac{1}{7} + \frac{1}{9} - \cdots = \frac{\pi}{4}$$

이므로 좌변의 급수의 합의 값이 $\frac{\pi}{4}$가 된다.
또는 양변을 4배한 후 Σ를 사용해 나타내면

$$4 \sum_{m=0}^{\infty} \frac{(-1)^m}{2m+1} = \pi$$

가 된다.

■ 실제 급수의 합의 계산

실제로 컴퓨터 등을 사용하면 급수의 합을 쉽게 계산할 수 있지만, 급수의 각 항이 "+"와 "-"를 반복하고 $\frac{1}{2m+1}$의 급수는 m이 100이 되어도 201분의 1(약 0.005%)정도 밖에 되지 않기 때문에 좀처럼 수렴하지 않는다.

실제로 Excel 등을 이용해 계산해보면 $m=100$이면 $3.15149\cdots$, $m=101$이면 $3.13178\cdots$, 또 $m=10000$이면 3.14169, $\cdots$, $m=10001$이면 3.14149, $\cdots$가 되어, π의 값에 대해 상하로 진동하면서 천천히 수렴해가는 것을 알 수 있다(252쪽 표 참조).

여기에서 흥미로운 것은 홀수만의 분수의 총합(합과 차의 조합)이, $\frac{\pi}{4}$라는 무리수를 포함하는 값에 수렴한다는 것이다.

이처럼 푸리에 변환을 사용해 푸리에 계수를 구함으로서 무한급수의 합의 수렴값을 계산할 수 있다. 푸리에 변환의 응용을 이 같은 대수(代數)에도 사용할 수 있다는 것은 흥미롭다.

이 책에서는 푸리에 변환으로의 입문을 설명하고 있지만, 이것을 계기로 더욱 깊게 학습하고 싶은 독자는 미분·적분이나 푸리에 변환에 대한 참고서도 활용해주길 바란다.

특히 [Excel로 배우는 푸리에 변환 (옴사 간행)]은 이 책의 다음 권으로 꼭 참고해 주기 바란다. 그 책에서는 실제 소리에 대한 푸리에 분석을 예제로 몇 가지 들고 있다.

m	수렴(4배)	m	수렴(4배)	m	수렴(4배)
0	4.00000000000	89	3.13048188536	9992	3.14169272364
1	2.66666666667	90	3.15258133288	9993	3.14149259355
2	3.46666666667	91	3.13072340938	9994	3.14169270361
3	2.89523809524	92	3.15234503100	9995	3.14149261357
4	3.33968253968	93	3.13095465667	9996	3.14169268360
5	2.97604617605	94	3.15211867783	9997	3.14149263359
6	3.28373848374	95	3.13117626945	9998	3.14169266359
7	3.01707181707	96	3.15190165806	9999	3.14149265359
8	3.25236593472	97	3.13138883754	10000	3.14169264359
9	3.04183961893	98	3.15169340607	10001	3.14149267359
10	3.23231580941	99	3.13159290356	10002	3.14169262360
11	3.05840276593	100	3.15149340107	10003	3.14149269357
12	3.21840276593	101	3.13178896757	10004	3.14169260361
13	3.07025461778	102	3.15130116270	10005	3.14149271355
14	3.20818565226	103	3.13197749120	10006	3.14169258364
15	3.07915339420	104	3.15111624718	10007	3.14149273353
16	3.20036551541	105	3.13215890121	10008	3.14169256367
17	3.08607980112	106	3.15093824393	10009	3.14149275349
18	3.19418790923	107	3.13233359277	10010	3.14169254371
19	3.09162380667	108	3.15076677249	10011	3.14149277345
20	3.18918478228	109	3.13250193231	10012	3.14169252376
21	3.09616152646	110	3.15060147982	10013	3.14149279339
22	3.18505041535	111	3.13266426009	10014	3.14169250381
23	3.09994403237	112	3.15044203787	10015	3.14149281333
24	3.18157668544	113	3.13282089249	10016	3.14169248388
25	3.10314531289	114	3.15028814140	10017	3.14149283327
26	3.17861701100	115	3.13297212408	10018	3.14169246395
27	3.10588973827	116	3.15013950606	10019	3.14149285319

● 표 Excel로 계산한 급수의 합

참고문헌

- 「Excelで学ぶフーリエ変換」小川智哉監修 渋谷道雄 / 渡邊八一共著 オーム社(2003年 3月)
- 「数学公式Ⅰ 微分積分・平面曲線」「数学公式Ⅱ 級数・フーリエ変換」(全3巻)
  森口繁一 / 宇田川銈久 / 一松信共著 岩波書店 (1987年 3月)
- 「理科年表 [平成 18年版]」国立天文台編 丸善 (2005年 11月)
- 「数学小辞典」矢野健太郎編 共立出版 (1968年 10月)

찾아보기

ㄱ
각속도 ······················ 72
각주파수 ················ 72, 175
고속 푸리에 변환 ············ 46
곱을 합 또는 차로 고치는 공식 ··· 134
구형파 ····················· 183

ㄷ
단위원 ······················ 62
덧셈공식 ··················· 134

ㄹ
라디안 ······················ 62

ㅁ
매개변수 표시 ··············· 67
무한급수의 합 ·············· 244
미분 ························ 98

ㅂ
발성 ······················· 219

방형파 ····················· 183
벡터 ······················· 172
부정적분 ···················· 90

ㅅ
사인(sin) ···················· 69
소리굽쇠 ··················· 209
스펙트럼 ··················· 209
시그마 ····················· 180

ㅇ
여현 ························ 69
오실로스코프 ··············· 209
원의 방정식 ················· 67
원주율 ······················ 63

ㅈ
적분 ························ 90
전자파 ······················ 33
접선 ························ 98
정적분 ······················ 90
정접 ························ 69
정현 ························ 69

종파 · 32
주기 · 39
주파수 · · · · · · · · · · · · · · · · · · 39, 72
직교 · 152
직사각형파 · · · · · · · · · · · · · · · · · 183
진폭 · 39

ㅋ
코사인(cos) · · · · · · · · · · · · · · · · · 69

ㅌ
탄젠트(tan) · · · · · · · · · · · · · · · · · 69
톱니파 · 182

ㅍ
파형 · 38
피타고라스의 정리 · · · · · · · · · · · 68

ㅎ
함수의 곱 · · · · · · · · · · · · · · · · · · 130
함수의 차 · · · · · · · · · · · · · · · · · · 128
함수의 합 · · · · · · · · · · · · · · · · · · 126
합 또는 차를 곱으로 고치는 공식 · · · 134
횡파 · 32

영문
FFT · 46

만화로 쉽게 배우는 푸리에 해석
원제 : マンガでわかる フーリエ解析

2006. 11. 25. 초 판 1쇄 발행
2007. 5. 28. 초 판 2쇄 발행
2008. 9. 5. 초 판 3쇄 발행
2010. 5. 11. 초 판 4쇄 발행
2011. 12. 12. 초 판 5쇄 발행
2013. 6. 5. 초 판 6쇄 발행
2016. 1. 25. 초 판 7쇄 발행
2019. 7. 12. 초 판 8쇄 발행
2024. 1. 10. 초 판 9쇄 발행

지은이 | 시부야 미치오(澁谷 道雄)
그 림 | 하루세 히로키(晴瀬 ひろき)
역 자 | 홍희정
제 작 | TREND-PRO / BOOKS PLUS
펴낸이 | 이종춘
펴낸곳 | BM (주)도서출판 성안당

주소 | 04032 서울시 마포구 양화로 127 첨단빌딩 3층(출판기획 R&D 센터)
     | 10881 경기도 파주시 문발로 112 파주 출판 문화도시(제작 및 물류)
전화 | 02) 3142-0036
     | 031) 950-6300
팩스 | 031) 955-0510
등록 | 1973. 2. 1. 제406-2005-000046호
출판사 홈페이지 | www.cyber.co.kr
ISBN | 978-89-315-8821-7 (17410)
정가 | 18,000원

이 책을 만든 사람들
책임 | 최옥현
진행 | 정지현
전산편집 | 김인환
표지 디자인 | 박원석
홍보 | 김계향, 유미나, 정단비, 김주승
국제부 | 이선민, 조혜란
마케팅 | 구본철, 차정욱, 오영일, 나진호, 강호묵
마케팅 지원 | 장상범
제작 | 김유석

www.cyber.co.kr
성안당 Web 사이트

이 책은 Ohmsha와 BM (주)도서출판 성안당의 저작권 협약에 의해 공동 출판된 서적으로, BM (주)도서출판 성안당 발행인의 서면 동의 없이는 이 책의 어느 부분도 재제본하거나 재생 시스템을 사용한 복제, 보관, 전기적·기계적 복사, DTP의 도움, 녹음 또는 향후 개발될 어떠한 복제 매체를 통해서도 전용할 수 없습니다.

■ 도서 A/S 안내

성안당에서 발행하는 모든 도서는 저자와 출판사, 그리고 독자가 함께 만들어 나갑니다.
좋은 책을 펴내기 위해 많은 노력을 기울이고 있습니다. 혹시라도 내용상의 오류나 오탈자 등이 발견되면 **"좋은 책은 나라의 보배"**로서 우리 모두가 함께 만들어 간다는 마음으로 연락주시기 바랍니다. 수정 보완하여 더 나은 책이 되도록 최선을 다하겠습니다.
성안당은 늘 독자 여러분들의 소중한 의견을 기다리고 있습니다. 좋은 의견을 보내주시는 분께는 성안당 쇼핑몰의 포인트(3,000포인트)를 적립해 드립니다.
잘못 만들어진 책이나 부록 등이 파손된 경우에는 교환해 드립니다.